谨以此书献给辛勤耕耘在公园建设管理服务的一线工作者及所有热爱和关心公园事业朋友们！

天坛神乐署修复与保护

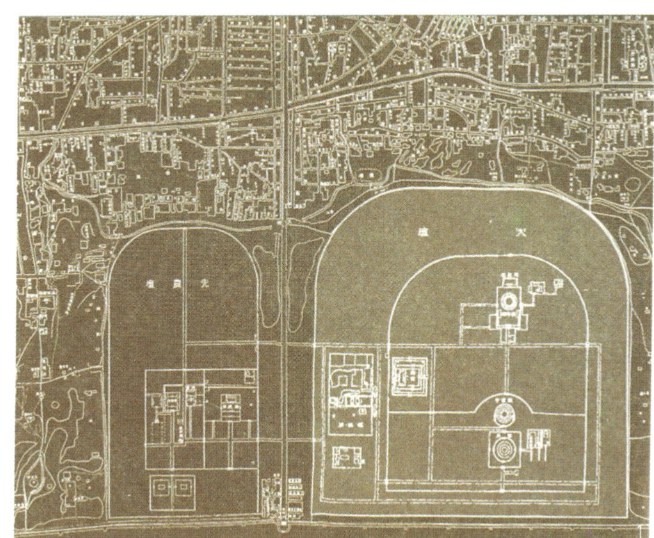

彩图 1　天坛全图

彩图 2　天坛神乐署署院手绘鸟瞰图

2

彩图 3　天坛凝禧殿修缮前 –1

彩图 4　天坛凝禧殿修缮前 –2

彩图 5　天坛显佑殿修缮前

彩图 6　天坛神乐署署门（内）修缮前

彩图 7　天坛凝禧殿修缮后 –1（董亚力）

彩图 8　天坛凝禧殿修缮后 –2

彩图 9　天坛显佑殿修缮后

彩图 10　天坛署门修缮后

彩图 11　贾庆林视察天坛神乐署修缮工程

彩图 12　刘淇、王岐山视察修缮后的天坛神乐署

彩图 13　2009 年春节文化周天坛祭天乐舞表演（董亚力）

11

12

13

香山公园勤政殿复建

彩图 1　香山勤政殿

彩图 2　香山勤政殿月牙河整修

彩图 3　香山勤政殿大木安装

彩图 4　香山勤政殿大木安装架子

彩图 5　香山勤政殿配殿安装斗栱

彩图 6　香山勤政殿配殿苫背

彩图 7　香山勤政殿配殿宽瓦

彩图 8　香山勤政殿彩画沥粉

彩图 9　香山勤政殿配殿油饰

彩图 10　香山勤政殿安装避雷针

彩图 11　香山勤政殿内檐架子

彩图 12　香山勤政殿内景

彩图 13　香山勤政殿牌楼施工中

彩图 14　香山勤政殿牌楼挖补

彩图 15　香山勤政殿牌楼施工后
彩图 16　香山勤政殿之夏

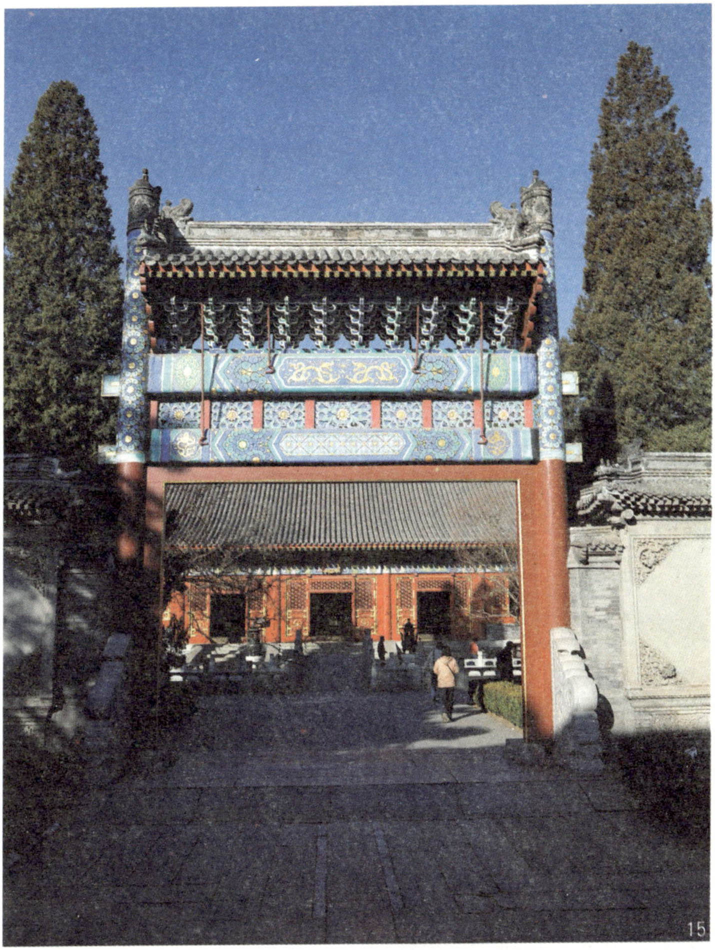
15

16

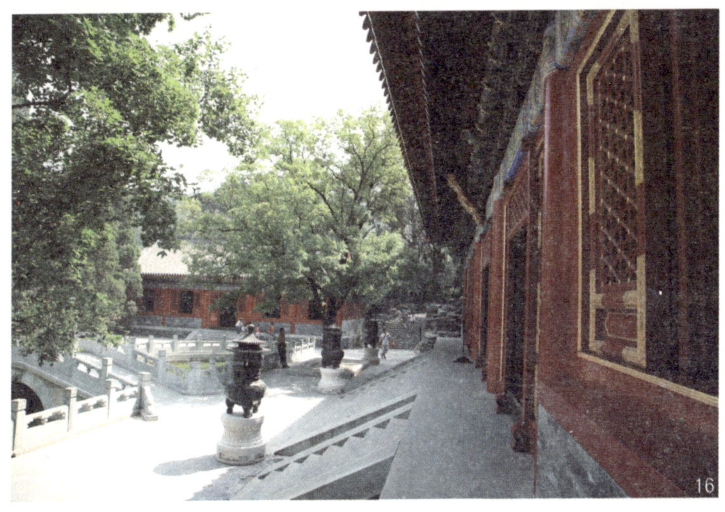

17

18

彩图 17　香山勤政殿之秋

彩图 18　修缮后的香山勤政殿

北海琼岛延楼建筑群修缮工程

彩图 1　北海琼岛长廊修缮前

彩图 2　北海琼岛长廊修缮中一

彩图 3　北海琼岛长廊修缮中二

彩图 4　北海琼岛碧海楼修缮中
彩图 5　北海延廊一层落架
彩图 6　北海延廊柱顶石归安
彩图 7　整修加固后的北海延廊
彩图 8　北海延廊地仗
彩图 9　北海延廊彩画施工中

5

4

7

6

8

9

彩图 10　北海琼岛长廊彩画修缮后一

彩图 11　北海琼岛长廊彩画修缮后二

彩图 12　北海琼岛长廊修缮后

彩图 13　北海延楼长廊内景

彩图 14　北海长廊分凉阁修缮前

彩图 15　北海长廊分凉阁修缮后

彩图 1　苏州耦园外景（郑可俊拍摄）

彩图 2　苏州耦园景观一（程洪福拍摄）

彩图 3　苏州耦园景观二（郑可俊拍摄）

彩图 4　苏州耦园景观三（左彬森拍摄）

彩图 5　苏州耦园东部景观

彩图 6　苏州耦园山水间（左彬森拍摄）
彩图 7　苏州耦园湖石花坛一（程洪福拍摄）
彩图 8　苏州耦园湖石花坛二（程洪福拍摄）

彩图 9　苏州耦园黄石假山（左彬森拍摄）

彩图 10　苏州耦园建筑维修中，油漆前的打磨工艺一

彩图 11　苏州耦园建筑维修中，油漆前的打磨工艺二

颐和园佛香阁景区修缮工程

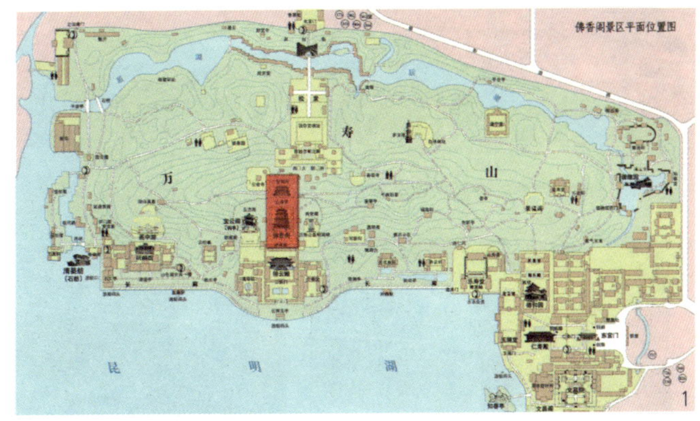

彩图 1　颐和园佛香阁景区平面图
彩图 2　颐和园佛香阁景区近景
彩图 3　颐和园佛香阁景区远景

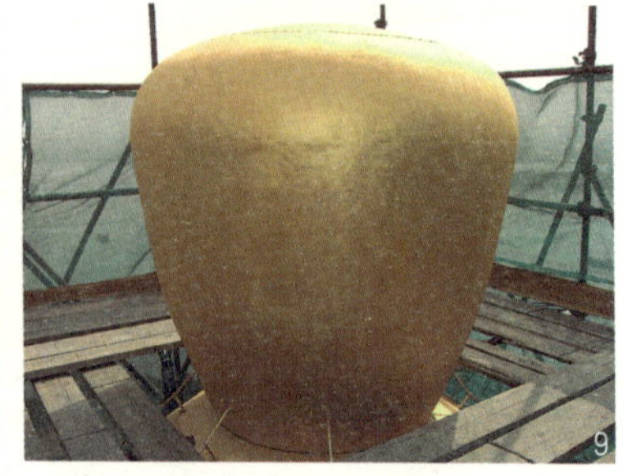

彩图 4　颐和园佛香阁修缮前

彩图 5　颐和园佛香阁修缮中

彩图 6　颐和园佛香阁修缮后

彩图 7　颐和园佛香阁宝顶修缮前

彩图 8　颐和园佛香阁宝顶修缮中

彩图 9　颐和园佛香阁宝顶修缮后

彩图 10　颐和园佛香阁景区地面修缮中——墁地

彩图 11　颐和园佛香阁景区墙体修缮中——钉麻揪儿

彩图 12　颐和园佛香阁景区屋面修缮

彩图 13　颐和园佛香阁智慧海修缮中——搭架子

彩图 14　颐和园佛香阁智慧海修缮后

彩图 15　颐和园佛香阁景区全景

公园建设管理服务丛书

公园古建修缮

Renovation of Ancient Buildings in Parks

北京市公园管理中心 主编

中国建筑工业出版社

图书在版编目（CIP）数据

公园古建修缮／北京市公园管理中心主编．—北京：中国建筑工业出版社，2011.7
（公园建设管理服务丛书）
ISBN 978-7-112-13304-8

Ⅰ．①公… Ⅱ．①北… Ⅲ．①公园－古建筑－文物保护－研究②公园－古建筑－修缮加固－研究 Ⅳ．①TU-87 ②TU746.3

中国版本图书馆CIP数据核字（2011）第117350号

责任编辑：杜 洁
整体设计：付金红
责任校对：陈晶晶 王雪竹

公园建设管理服务丛书
北京市公园管理中心 主编
公园古建修缮
北京市公园管理中心 主编
*
中国建筑工业出版社出版、发行（北京西郊百万庄）
各地新华书店、建筑书店经销
北京嘉泰利德公司制版
世界知识印刷厂印刷
*
开本：880×1230毫米 1/32 印张：$5\frac{7}{8}$ 字数：228千字
2012年1月第一版 2012年1月第一次印刷
定价：**28.00**元
ISBN 978-7-112-13304-8
（20460）

编委会 Editorial Board

学科中的学科

——贺《公园建设管理服务丛书》出版

每个学科都有管理的多项内容，中国工程院设立了管理学部，遴选时先在所属学科评选，然后还要到管理学科评选。因此管理是学科中的学科，不同学科中以管理为中心的学科。风景园林有设计、施工、管理三个建设的环节，"三分种、七分管"是大家熟知的一句行话，其实不仅是种植，设计和施工是头两个重要环节，但相对是短暂的，唯有管理是长期的、持续发展的。它要长期体现设计的成就和施工的效果，风景园林管理是压台的大轴戏。

每个学科，甚至每种事物，你要钻进去看就是一个世界，如琴、棋、书、画、金石、集邮甚至火柴盒、香烟盒。这正说明了文化的综合交叉性。所以首先我们要认识公园管理的综合性。管理一般包涵行政管理和技术管理，所涉及的内容是极其广泛的，综合性是十分强的，强到很难划分范畴。仅就技术管理而论，北京这些古代园林，五坛八庙、三山五园、燕京八景，不论作为导游或管理者你必须了解通史和园林史、知道中国园林艺术传统文化内容、熟悉工程技术和植物生长发育的规律，还不得不掌握历史名人的诗情画意。一句话，园中的内容你都得说出个子丑寅卯来，这学问就大了去了。就看你钻研多深了，修行在个人。所以我说这套丛书第一个特色是它的综合性；第二个特色是它的专业性，写丛书的人大多是学科专家，不仅是实践的人才，也是研究的人才。说什么都从根源说起，一把扫地的扫帚、一把掸灰的拂尘，引经据典地释词义，让你知道来龙去脉，不仅是讲热闹，而且是内行讲的门道。言简意赅，深入浅出，让您既看得懂而又可无限地深入研究；第三特色是尽最大可能地贯彻科学发展观，实事求是地认识客观事物。从史出论、有观点、有印证，而且留有不断改进的余地。讲究而不将就，尽可能做到美好，美轮美奂。整套丛书，以图和照片相辅文字，以具象印证抽象，充分体现了公园是形象艺术的特色。

正因为这是一门“学无止境”的学问，盼望读者与作者互动，共同来不断提高它的质量。我在此向致力于本书的署名和不署名的人们致以诚挚的敬礼，感谢您们对学科建设所作的贡献。

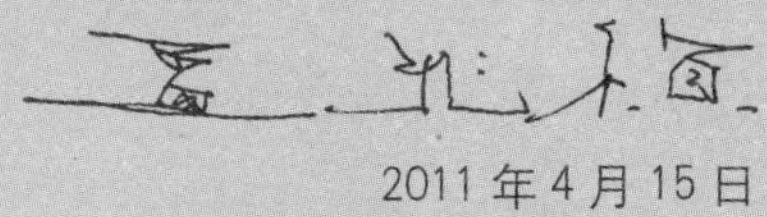

2011 年 4 月 15 日

Preface 序二

公园是公众喜爱的游览、休闲和健身场所，已经成为百姓日常生活不可或缺的组成部分，特别是节假日活动的重要内容。同时，它既是城市生态环境建设和构建和谐社会的基础，也是中华传统文化和地域文化的重要载体。

有关城市绿化的书出版了很多，有不少涉及公园的内容，此套丛书作者都是每日在公园内劳作的工作人员，从公园建设、维护、管理者的角度来介绍公园。读过此书的感受到此书的特色，也许没有领导的高瞻远瞩，没有知名专家论述的深邃和专业，然而却是朴实而真实的，是用日积月累的辛勤汗水换来的，是与以往此类书籍相比的很大一个不同，相信将给读者带来全新的感受。就像同一个故事，有正史书籍，也有评书、还有电视剧，至于此套丛书会给大家何种感觉，相信每位读者都会有自己的认知。

由于工作关系，我也去过不少公园，每次都有不同的感受，随着时代的进步，社会经济各行业的发展，公众文化水平的提高，对公园的要求也越来越高，公园可以说是个小社会，包含了方方面面。此套丛书内容丰富，包含了八个方面的内容，特别是公园导游讲解、公园园容管理、公园餐饮文化、公园导览标识、公园文化活动等等都是以往的书籍很少涉及的内容，为我们介绍了鲜为人知的许多故事。

相信这套丛书能从新的角度、新的内容使普通的读者更全面、更理性、更深层次地了解公园，也能为更多的公园管理者得到启示和借鉴，感谢北京市公园管理中心为广大读者编辑出版了这套新颖的好书。

中国风景园林学会理事长

2011 年 1 月 19 日

前言 Foreword

在城市规划、建设和改造管理中，古代建筑的保护利用、维修复建、拆建增改，从来都是一个热门话题，学术界各执己见，专家学者奔走请命，媒体跟踪报道，一不留神就成为一时舆论的焦点。政府相关职能部门，也不得不介入干预，疏导执法，处理善后。问题的关键，在于对古建遗产的价值认定和对待历史现代价值观的确立，其中不乏对古建工艺在技术层面的传承运用和发展更新所产生的歧异。

20 世纪初始以来，随着封建帝制的结束，在社会转型期间有相当数量和比例的古代建筑遗产，存留在由历史名园所转化的公园之中，使涵纳中华文化传统，光显民族营造成就的实物载体，展示于公众的视野之内，融进现实社会生活，在历史的空间里焕发着时代风采。至今，有的历史名园作为公园开放的历史，已经超过其初建功能使用的历史。《公园建设管理服务丛书》设定《公园古建修缮》分册，是有其历史和现实依据的。

《公园古建修缮》参加编写的作者，都是学有专长，任职于公园之中，长期从事园林古建保护维修工作的专业人员，有着丰富的实践经验和工作阅历，其中有年逾古稀的老人，也有 80 后的新一代。编写组这样的年龄结构，多少反映了公园古建修缮事业令人欣喜的局面。诚然，在历史名园转化的公园中，从事古建保护和维修工作的专职职工，远多于参加编写组的成员人数，是一支颇见规模、谙熟古建保护方方面面知识，负有延续历史、传承文明使命的生力军，奉献在公园管理系统的岗位上。他们在确保历史名园持续发展，永续利用的过程中，处于古建理论与实践的前沿哨位，发挥着不可取代的作用。

公园园林古建保护修缮的基础工作和必备条件，是对历史名园自身历史的透辟了解和造园艺术从立意到物化表现的详尽解读，仅仅依靠社会对古建理论的宏观研究是远远不够的。公园中的专职人员，由于职责所在，不但能发现保护对象的些微变化，而且只有长期不间断的倾心观察、总结，才可得出兼有普遍性、规律性的结论，从而丰富、补充文物古建保护研究和实践的理论建树。这里既有从理论到实践的验证，也有实践对理论的辩证。就北京市公园管理中心和前身北京市园林局组织立项的科研课题成果来看，相关园林古建的内容就涵盖了建筑史、建筑艺术、建筑工艺技术、建筑施工、建筑材料和建筑环境艺术的诸多方面。《公园古建修缮》的编写宗旨也贯穿着这些内容而展开，只是限于水平，其中不免存在挂一漏万和有违共识、常识的谬误，有待广大读者给予批评指正。

编者

2011 年 2 月

目录 Content

第 1 章 公园中的古代建筑

公园这个名称至少在我国南北朝时期已经出现，是指当时的官家园林。本书所指的公园，是近代自西方引进的概念，在我国只有一百多年的历史，中国古代园林却有着三千多年的历史。中国历史名园对社会开放游览，并不起始于公园概念引进以后。历史上的皇家园林、私家园林，特别是风景名胜和寺庙园林皆有向社会开放游览的记载，但区别于现代公园的开放管理、服务内容和模式，从功能定位分析，有着本质的区别。但利用历史名园转化为公园开放的，却是 20 世纪初以来的普遍现象。这便产生了公园中古代建筑的命题，生发了在现代公园开放管理中对古建筑保护、维修、利用和研究的实践，在完善现代公园功能的过程中也衍生了园林古建筑遗址复建和公园服务设施仿古建筑的课题。

1.1 历史源流

中国古代建筑源远流长，有着自身发展的独立体系，从建筑材料来看，向以木结构为其特征，但在土石砖瓦的运用方面也有着极高的成就。从建筑功能来看，中国古代建筑早已超出居住要求而表现在政治、经济、军事、文化、宗教、哲学的方方面面，成为中华文明最具形象表现力的组成部分。中国古代园林建筑是在满足建筑物质需求的功能基础上升华的一种建筑形态，一个以精神需求为导则的门类，和植物造景同样是中国古代园林艺术构成的核心要素。

中国古代造园的要素可以解析为以下几个方面：

一是山形水系。中国园林崇尚山水景观，将山水看作自然的偶像，概括地说构建于自然山水之间的园子称为自然山水园；没有自然山水可以依托的，人工构建园中山水的称为写意山水园；或者，采用借景手法，将园外山水景观融入园内的造景画面之中，既拓展园景空间，又增加了景观层次。造园家视山形水系为园林框架和得景的基础。

二是植物造景。作为具有生命力的自然界植物，它的生长周期、新陈代谢，特别是以绿为主的丰富的色彩，能标示空间和时间的变化，早已被赋予人文精神内涵，被移情、人格化。它们在造园中所扮演的角色不只是满足感官的愉悦，更多地被融入园主和观赏者的意识之中，潜移默化、浮想联翩。但植物造景仍是园林的最根本的特征和不可或缺的元素，是园林之所以称为“园林”的根本依据。

三是园林建筑。狭义的园林建筑特指亭、台、楼、阁、馆、轩、廊等建筑，其实，山形水系、植物造景必须要通过建筑设计、施工来配合完成才能达到完美，使园林建筑景观趋于画境、化境。本书主题为园林建筑，详细内容将在其他章节展开，这里只确认其造园中的核心元素定位。

四是园林室内外陈设。园林厅堂、殿宇的内部陈设从历史上看是可以挪动的，但历史名园中为保持历史本来面貌，原有陈设布局又是不可改变的，因为陈设内容既反映了园林的性质与品性，又反映园主的身份地位和情趣修养。可惜的是，许多历史名园特别是皇家园林，室内陈设虽有历史记载或档案可查，留存实物的并不多见，原地原物的更是凤毛麟角。至于室外陈设，不可忽略的是置石和露天陈设石座上的古器物，历史名园中室内外陈设无论是家具、书画、器物、用具均已划入文物范畴加以保护或库存、陈列。园林陈设是研究古代园林或欣赏历史名园容易忽略的组成元素，它恰是反映园林全貌不可忘却的重要内容和价值所在。

五是园外借景。就造园手法来说，园内之景也是可以互借的，这里所以要强调“园外”二字，是指园外环境的重要性。古人在认识园外环境和处理手法上，早已从理论和实践两个方面作出了明白的答案和经典的范例，有数百年历史的名园，排除后世和近现代的干扰，几乎皆能从实际景观中感受到造园家的初衷。这里不排除园内建筑营构的作用。一个是借园外自然山水景观将园内的亭台楼阁从构图上融入可视的统一画面，一是将园外的塔影楼台从视野中延入园内的景观组织之中。至今，我们将历史名园作为遗产项目保护之时，划定保护范围，已成为编制风景名胜区和历史文化名城总体规划和详规的重要内容。历史名园的保护，早已从园墙的界限扩展到可见的“视力范围”、可控的景观视野。

以上五个方面，是历史园林构成的五个硬件元素。讲保护，只有将这五个方面保护好，才能达到有效保护的目的，其中，园林古建的保护、维修、利用更是投入最大、工作量最多、效果最为突出明显的核心内容。

历史名园转化为公园，是近现代历史转型时期的产物，最为典型的应数皇家园林的转化，因为皇家园林和皇家建筑规模大、空间开阔，符合社会群众性的开放需求条件。辛亥革命，1912 年 1 月清皇室宣布逊位。1914 年，位于紫禁城西南角的社稷坛即以中央公园的名义向社会开放。1918 年天坛也正式辟为公园，售票开放，北海、颐和园也于 1925 年、1928 年先后正式辟为公园开放。私家园林虽然相对规模较小，真正成为公园开放的应在解放后较为集中，特别是改革开放后随着城市建设的飞跃发展，不断有历史名园进行修复成为公园开放。

历史名园作为一种文化遗产转化为公园与其他的文化遗产的功能转化相比，有着直接转化的优势。一般来说，遗产均存在历史功能与现实功能不同时代的利用模式，故宫原来的功能是皇家的宫殿，供皇帝执政与居住，现在是故宫博物院，向群众开放，展示历史文化内涵，历史上的功能已经消失，而历史名园的转化是游览功能的延续，历史功能与现实功能在内容上有相当的重合，只是服务对象改变了，游览方式变化了。

历史名园转化为公园，包括整体转化、局部转化、遗址开发建设和原构扩充等种种不同模式。

1.2 丰富多姿

中国古代建筑和中华文化的其他内容一样，从来是发展的，不是一成不变的。时下有一种流传很广的论点，说世界几大古老文明唯有中华文明没有间断。假如这个论点是成立的，首先是中华文明自身发展，是从未间断、推陈出新的结果，如汉字从甲骨文到简化字，不但在应用上与时俱进，而且在继承和研究上有着不同时代价值观的弘扬与认定。清代书法家将隶书的笔法融进篆书的书写，近代工程设计将宋版书籍用字习惯作为图纸的标题模式，种种表现可以证明。

中国古代建筑一脉相承，可以断代研究、仿建，以朝代为其分期框架加以表述，在中国建筑史的研究中，从宏观上看已经是解决了的课题。不同时代的共性特征，许多已进入常识性的认知；不同时代的建筑从结构到外观的变化是中国古代建筑丰富多姿的一个方面。

另一个方面表现在地域性的差别之中。南北东西各有千秋，特别是少数民族地区的建筑受到自然条件、人文风情、宗教崇祀的影响。功能定位、内部分隔、建筑材料、建筑色彩都深刻地影响到建筑外形的表现。

在由历史名园转化的公园之中，这些因时代和地域所生发的古代建筑形式都有所反映，只是现存历史名园中的古代建筑多为明清时代作品，特别是清代的遗存，这就将公园古建维护课题局限在一定的历史阶段之中。但关于建筑样式的历史源流认识不能断章取义，必然在研究和实践的过程中有所涉猎，始可深化对古代建筑在广阔视野中的理解。即使在清代古建为主体的历史名园中也存在着前代的历史信息和变迁。比如在北京的北海公园中，现存古代建筑是清代自顺治以来的建构，但山形水系肇始于辽金，不但保存有明代的皇家完好的寺庙殿堂，还有金代原建的团城。要追溯中心建筑白塔的历史沿革，原来琼华岛山顶的建筑在元代是广寒殿，而琼华岛的山形经过金代自开封迁运艮岳山石来堆叠改造，并致山体内部经券筑结构洞穴，局部中空可游。这些清代以前建构的实物或记载，对北京清代古建维修保护具有不可忽略的价值，像对团城的维修保护、对琼华岛山体和泊岸的维护是北海古建维修的核心内容。

在历史名园转化的公园中到底有多少古代建筑，以北京已划入国家重点公园的市属公园为例，仅就其统计的古建筑面积平米数，加以表述。

颐和园：66760m^2

天坛：66551m^2

北海：26165.76m^2

景山：3011m^2

中山公园：4669m^2

香山：8329m^2

动物园：2088m^2

植物园：2360m^2

陶然亭：1580.3m^2

紫竹院：1181.3m^2

总数多达 182695.36m^2，远超过明清故宫紫禁城的建筑面积。这里不包括区属公园中历史名园的古建面积，也不包括复建和仿建的古建面积。

北京以外的我国历史文化名城所拥有的历史名园，大都作为公园管理开放，也有相当数量划为国家重点公园和各级文物保护单位，要统计出其中的古建筑面积当是一个更大的数字。

从园林古建的建筑形式来看更是丰富多彩，几乎能囊括我国北方、江南、岭南和少数民族地区的古建体系和流派，风格多样、品类齐全。以皇家园林颐和园为例，它所具有的古建形式可以用下面 32 个字来表述：

殿堂楼阁，轩馆亭廊

桥舫堤岛，台榭牌坊

塔关市肆，转轮经藏

叠山造峡，耕织村庄

从帝王的宫殿到农户的水村应有尽有，无所不包。其中建筑平面的形状、屋面的类型、台基的做法、大木结构的交接、墙体成砌的多种排列技法、园路甬道的砖石铺装样式以及油饰彩绘的等级种类，几乎涵盖了中国古代建筑技艺的方方面面。甚至还有像宝云阁铜铸的佛殿和高达 10m 的石造丰碑，更有对自然地形的利用、环境多元素多层面的优化，全面展示了中国古代园林建筑的高度成就。

在园林古建中，有些建筑物的形式由于受到地形影响，特别是造园得景的需要，比一般满足实用的建筑显得更为丰富多彩，以在园林中出现较多的廊、亭、桥来举例就显得更为突出。

廊在我国古代建筑中，有一个古来已久的定义，为“庑出一步”，应是指檐廊。一般居宅为了通连正屋、配屋之间的过道，将门厅包括在内用廊加以围合内侧成方形的庭园，四角取直角转折，在北方的四合院中称为抄手廊，在古代园林的馆舍中庭园中经常引用出现。

但园林中更多是依山傍水的运用，出现许多名色，一般称为游廊。依山而建的称为爬山廊，临水的称为水廊，还有花廊、月廊、楼廊、桥廊、碑廊、画廊、回廊、复廊、长廊等以所处景观环境和平面走向而得名的园林之廊。这些名称的廊，在现存的南北历史名园中皆有实物存在，而且有的廊已成为园林的著名景观，从依存于主体建筑的从属地位独立成景，享誉中外，如颐和园的长廊、苏州拙政园中的水廊或称之为波形廊，扬州何园内的复道楼廊等。

亭这种建筑形式的名称来源于秦汉时期的一个行政制度，十里一亭、十亭一乡。有说“亭，即停也”。颇似现在还使用的“站”，所以古代送别往往说在“十里长亭”。现代送别往往是“车站、航站”。亭，可以说是传统园林的一个符号，几乎园园皆有，是供游人休憩、观景的所在，若说廊是供在行动中观景的功能场所，则亭是在静态的状况下领略景物的地方。它自身也是最佳的点景建筑，所以亭子的造型千变万化，但总是有柱无墙，有方、圆、五面、六面、八面、套方、套圆、梅花形、海棠、十字、长方、三角形、扇面形等等式样。屋面处理也随着平面形状而变化，但是结构习惯用攒尖顶，单檐或多重檐，归结到一颗宝顶之上。这宝顶的制作非常讲究，有砖雕拼砌、金属铸就、陶瓷烧造，还有用名贵古瓷瓶扣用的，目的除装饰以外主要考虑顶尖处的防水功能。南北公园中的古建名亭甚多，20 世纪 80 年代北京陶然亭辟建名亭景区，原大仿建几十座中国古代名亭于一区之内，展示中国园林亭子的风采。

在开放的古代名园中，往往一园不只一亭，有时多达数十座，不重样、不雷同，争奇斗艳，但不排除成对、成组的集群组合，皆是对称有序的设置。如颐和园佛香阁前左右对称的敷华、撷秀亭，串联在长廊中象征四季的留佳、寄澜、秋水、清遥四座形制相同的八方重檐亭，又如嵌缀在宝云阁铜殿四周围廊四角的四座重檐方亭，这组方亭没有各自的名称，均以景区名称浮岚暖翠称呼它们。在私家园林中，虽然一园之中不乏数以十计的亭子出现，但罕见集群组合，布置更为自在得宜、精巧雅致，惟见苏州拙政园中的卅六鸳鸯馆，四角连接四座形似亭子的耳房，一般视作厅馆变化的经典之作，未作亭子对待。类似一处亭子的组合是扬州瘦西湖上的五亭桥，桥上中间建一座重檐攒尖方亭，四角布置四座单檐攒尖方亭，是亭桥中仅见的孤例。瘦西湖虽不属皇家园林范畴，但五亭桥和邻近的法海寺白塔都是营构于乾隆六次南巡的过程之中，为迎合皇帝的口味有意仿自北京北海琼华岛上的白塔和北海北岸的五龙亭。五龙亭，五座亭子的基座均分别建于水中，建石桥相互通连，中间一亭架桥与岸边通连。五座亭子的屋面采用三种形式，中间主亭为重檐四方亭，但取意天圆地方，上层檐面为圆形，左右四座配亭对称布置，体量递减，屋面也有所变化，四方重檐与四方单檐，既变化又统一。主亭突入水中最远，配亭依次靠后，平面形成雁序。聪慧的江南能工巧匠将五龙亭衍化成五亭桥，既满足了瘦西湖南北岸的交通功能，又演绎了皇家御苑中的景观在民间出现。同样是五座亭子的组合，不能忘记景山公园山脊上的五座亭子，其中间一座三重檐的万春亭，至今仍是北京中轴线上的制高点。

公园中的古建桥梁具有极高的景观价值。生活中交通用桥，多取直，园林中的桥尚曲，尤其在私家园林中，在并不宽阔的水面上，曲桥既延展了观赏的路径，又取得了自身优美的外观。这是园林中的桥体从平面的变化取得的景观效果和优化了游览功能。另一种园林桥体采用了拱券桥洞。在多水体的城市市镇中，为了既可过河又不妨碍行船的交通而构筑，实际是一种水陆立交交通工程。它成为古代园林中经常采用的券洞桥梁形式，在北方的皇家园林中运用最多，不少成为知名度很高的园林之桥，如玉带桥、十七孔桥。前面所介绍过的五亭桥，桥体由十五座券洞结构而成，只比十七孔桥少了两个，显然不完全是为了交通功能的需求，而是为了增添游览的兴致。

公园中古代建筑的丰富多姿，还从少数民族风情的建筑以及外国风格建筑中表现出来。

元代以来，覆钵式白塔，从尼泊尔引进中原地区，明代聚五塔于高台的金刚宝座塔出现在皇家寺庙之中，清代藏传佛教风格的寺庙，整座整座地构建于皇家园林之中。乾隆时，又将欧洲风情的西洋楼仿建于长春园内的单辟景区。此后流风余绪波及甚广，清代中晚期，欧洲建筑元素和风格，已不止于皇家建筑，甚至出现在私家园林之中，我们在北方、岭南、江南和都能寻找到这样的踪迹。

这里要特别提到的是现处北京植物园内的几座石砌雕楼，是仿建于四川金川地区少数民族的特色建筑，构件有着特定的历史背景，作为一种历史景观，却是公园保护和研究的对象。

1.3　经典杰构

中国古代建筑的经典之作，有不少就在现代的开放公园之中。除了这些建筑物自身的历史价值、艺术价值和科学价值以外，不能排除，公园作为向社会群众开放的游览场所，使这些古代的建筑艺术精品，得以长年展示在人民群众的视野之中，而获得更多的认知与监督保护，成为耳熟能详、知名度极高的历史文化遗产。历史文化遗产只有融入现代社会生活才具有生命活力，是延续历史、永续利用的前提。一百多年来，随着社会的转型，古代园林向现代公园转化，园林中的古代建筑，尤其是经典杰构在管理、保护、维修、利用、研究方面的历史延续和生存的现代价值观，是最具说服力的证明。

民国以来，北京有一种说法，叫作"光绪四大建筑"，是指清末光绪时（1875 ~ 1908 年）皇家所复建、新建的四座体量宏伟、结构精良、能代表中国传统建筑杰出成就、具有标志性的主体建筑，它们是紫禁城中的太和门、天坛的祈年殿、颐和园的佛香阁和德和园大戏楼。其中除太和门外，另外三座都在现代开放的国家重点公园颐和园和天坛之中。

太和门是紫禁城内规格最高、气势最恢宏的一座宫门，面阔九间、进深四间，建筑面积达 $1300m^2$，1888 年冬季失火烧毁，于次年重建。这次火灾，曾导致当年正式公布的颐和园复建工程"除佛宇及正路殿座外其余工作一律停止"。这道以慈禧名义所颁行的懿旨，理由是"遇灾知儆，修省宜先"。

祸不单行。1889 年，天坛祈年殿又遭雷击焚毁。这座建于高 6m，对径 90m 祈谷坛上的殿座，始建于明代永乐十八年（1420 年）称大祀殿，一百二十多年后，嘉靖二十四年（1545 年）改建成三重檐的圆殿，但上中下三层屋面分别取用青、黄、绿三色琉璃瓦，象征天、地、万物，改名大享殿。清乾隆十六年（1751 年）重建，改用今名祈年殿，并将三重檐屋面统一取用蓝色琉璃瓦。雷火所击，正是乾隆时的建构。被毁当年光绪十五年（1889 年）即开始筹备重建，由于方案和用料的稀缺，于光绪二十二年（1896 年）才复建竣工，用了八七年的时间。

佛香阁始建于乾隆时期，八面三层四重檐，它不是被雷火焚毁，而是 1860 年毁于英法联军之手。光绪时，依原样重建。有的介绍说它高 41m，是按清代样式房的图纸标明的营造尺数据换算出来的，实际测量地平至顶部为 36.58m。佛香阁建于 21m 高的倚山花岗石台基之上，举出万寿山脊，是颐和园全园的造景中心，其高度、体量、造型与万寿山及周边地形极为相称。光绪重建，始于 1891 年，至 1894 年慈禧六十大寿时尚在施工当中。当年十月二十六至二十九日的工程清单中还有“佛香阁八方楼柱木、披麻挂灰”的记载。颐和园复建是为了慈禧六十岁生日，从 1886 年就开始动工，但颐和园复建时有关工程档案记载，都延续到 1895 年春季以后。

德和园大戏楼是光绪四大建筑中惟一新建的工程项目，清漪园时，原址为宜春堂，其功能与戏剧并无关系。慈禧复建颐和园时，园中本已有听鹂馆的小戏楼，但不能满足当时戏剧演出功能的需要，而要另外择地新建。在选择宜春堂遗址以前，曾经有过在乐寿堂对面背靠昆明湖构建的规划图纸，但最后仍选定在宜春堂遗址新建大戏楼。德和园是一座由南至北，平面四进的院落，第一层院落内即为与大戏楼毗邻的扮戏楼面南入口。大戏楼面北，正对看戏殿——颐乐殿。大戏楼高达 21m，三层，均设置可以演出的戏台，自上至下，称为“福、禄、寿”三台。由于扮戏楼的衬托，大戏楼具有高低错落极其宏阔灵动的侧立面，由于大戏楼地处颐乐殿及两厢看戏廊所封闭的庭园内，更加彰显了拔地而起、巍峨壮丽的楼台结构的气势。

德和园大戏楼建筑群从光绪十八年（1892 年）兴建到光绪二十一年（1895 年）竣工用了四五年的时间，根据档案记载，耗银七十一万多两，仅次于园内最大的工程项目佛香阁的经费，用银七十八万多两。

现代公园中古建筑的经典、精品不止以上所介绍的这三座，各个开放公园内均有更多的知名古建筑，即使在天坛公园内还有圜丘、皇穹宇，回音壁、神乐署；颐和园内还有长廊、石舫、玉带桥、十七孔桥和园中之园谐趣园；建园历史久远的北海公园内有白塔、团城、九龙壁以及静心斋、画舫斋、快雪堂、濠濮间等一批个性突出、自成格局的园林建筑经典；景山公园内，有以万春亭为中心的山脊五亭，不但是紫禁城的屏障，而且处于北京城中轴线上的制高点；香山公园内碧云寺中的牌楼、殿座，特别是石砌雕造的金刚宝座塔和五百罗汉堂，都堪称寺庙建筑中的翘楚；始建于唐代的卧佛寺建筑群，在北京植物园内，其寺庙选址、规制尚能窥见唐代初始的遗意。这些耳熟能详的古建筑不但是游人的活动目的地，而且经常出现在相关古建学术性、专业性的论著中和园林、建筑专业高校讲堂上的必选课题。

在南方历史名园中开放的公园中，古建厅堂遗构层出不穷，亭台楼阁更具特色，廊轩桥舫争奇斗艳，园中拥有堪称惟一的经典、精品，特别是叠石假山传统优势所展示的中国园林特有的魅力，更是评价造园艺术水平和价值的亮点。

1.4　时代风采

公园中古建筑的时代风采可以从以下几个方面显现出来。一是自 1949 年新中国成立以来园林古建得到保护和修缮，旧貌新颜向社会展示开放。二是这些古代建筑的历史文化价值在深入研究不断阐发的基础上，得到广泛的认可，不但都具有很高的文物保护级别，而且有的还登录世界文化遗产名录，成为世界遗产地的重要组成部分和标志性景观。三是这些公园古建，均与所在城市的发展紧紧相连，成为城市规划的出发点和保护对象，有的被誉为城市的名片或者是城市的标志。四是在融入社会现实生活的同时，还是国事、外事、高端活动的首选场所，在独具历史文化背景空间里占有不可取代的时空价值，从而延续了古代建筑新的生命力。

公园中的古代建筑和其他文化遗产一样，均有其历史功能与现实功能，历史功能是其建造和生产年代的最初功能定位，而现实功能是当代对其在保护基础上所产生的利用功能。历史名园作为公园古建的载体，在转化为公园功能的时候，区别于一般文化遗产从历史到现代的功能转化，它不但可以保留原有的基本功能"游览"，而且能进入新时代的社会生活，并融入现代城市功能的序列。但是，它必须具备两个无可逾越的根本条件：一是保护，科学有效地保护，使其物质部分能以原样传承于世，不失历史信息载体的真实性；二是现实功能必须建立在历史功能的基础上，以历史功能为依据，正确解析历史的信息。历史信息是历史名园超出物质部分最突出的价值所在，与物质部分不可改变一样，不允许歪曲与任意演绎，在有充分根据的前提下，进行深化认识、研究作出科学的判断和结论。

历史名园中的古代建筑作为公园开放游览，是其历史功能在新时代合乎历史辩证法的延续，并赋予了许多新的内涵，它们区别于完全改变历史功能而赋予全新功能的其他物质文化遗产。如长城，历史功能是军事防御设施，而现实功能是旅游景点，只是从历史功能中获取它作为景点开放的人文价值。历史名园转化为公园，就功能体现而言，它正处于历史和现实两种功能的交汇点上，只是向不同人群开放服务，同样以历史功能为依据，而获取现实中普遍认同的人文价值也逐渐地融入到现代城市生活之中。

古代建筑是古人的创造，维护是当代的责任，在介绍和论述古建的保护维修工作的同时，探究一下非物质层面的相关问题，或者多少可以排除在保护维修实践中的盲目性。自从文化遗产领域引入物质和非物质的概念以后，强调物质非物质的依存性、同一性，反而显得更为重要。我们在保护维修古代建筑物的同时，实际是弘扬传统文化的重要内容，不单是实践工艺技术层面的重塑，而且探索着建筑形象所追求精神层面的表达。

以天坛公园祈年殿为例，这原是一座祝祷上苍，祈求风调雨顺、年丰物阜、饱食天下的皇家崇祀建筑，具有对天人关系最高境界追求的外形与历史人文内涵。20 世纪 70 年代，曾经近乎落架大修、本世纪初又经维护油饰的祈年殿，以其完好的原样建筑形式被一再作为中国文化元素的象征，推广运用在新兴事业的方方面面，有的设计成标识，有的整座建筑仿造其外形，有的在现代建筑的局部加以表现。但最不能使人忘记的，恰是国家领导人多次在祈年殿前主持国际、国内重大活动的仪典，比如 2008 年，北京奥运会在此发布会徽，残奥会在此采集火种；2010 年全运会在此点火出发传递火炬。这些载入史册重大活动场所的选择是严肃和神圣的。

一般重大活动场所，要具备足够的活动空间和背景依托，特别是特征明显，寓有纪念性和文化内涵的历史建筑，不但符合重大活动的隆重氛围，而且能以提升和赋予活动本身的内涵和价值影响，公园中的古建筑物的场地不乏这样既是现实空间的又是历史空间

图 1.4–1　北京首都图书馆，正门入口运用了天坛祈年殿古建形象元素

的优选场所。

公园古建的时代风采，建立在公园现代价值观的基础之上。公园古建的保护利用是公园古建的历史延续；是对遗产价值，对历史的一种尊重；是对当代社会的一种承诺；更是在可持续发展、永续利用主题下，对子孙后代的一种承诺，将来他们在续写公园古建史的时候，应包括我们这一代人投入和贡献的历史信息。

第 2 章　公园古代建筑的价值观

就园林古建的价值分析而论，可以解构成以下四个方面，即工程技术价值、建筑艺术价值、历史文物价值和园林景观价值。其中，园林景观价值是园林古建的核心价值，是区别于其他古建的价值所在。

2.1　工程技术价值

园林古建工程和一般古建工程的规划设计施工程序一样。涉及的土木瓦石油漆彩绘等工种，虽然一般营造中相应的工种没有明确的分科，但由于造景得景的需要，特别是对园林方面布局和地形高差变化的适应，掇山、理水等特种工艺要求，增加了营造技术的难度，同时丰富了营造技术的内容。这些成就既反映在现存园林古建的实物之中，又见于文献资料的记载。从并非园林建构的一般古建中，也能寻找到它们的蛛丝马迹和园林宗师们独具匠心的匠意。

在历史名园的皇家园林之中，宏伟的主体建筑在明清时代，往往注入了许多宗教崇祀的内涵，使常规结构顿增难度，而考验着匠师们的才能。另一方面，由于建筑外形的景观设定，使内部榫卯结构趋于复杂，能工巧匠也不得不面临必须突破的难题。

以天坛公园的建筑为例，祈年殿是一座三重檐的圆形殿座，连基座祈谷坛通高 36.80m，祈年殿平面柱网分布：外檐檐柱 12 根，内檐金柱 12 根，中间有直达殿顶部龙凤藻井的 4 根龙井柱。上部安放 8

根童柱，共有 36 根承重柱子。这些柱子的数目设定的依据是，总数 36，象征 36 天罡（北斗丛星中 36 星之神），内外檐 24 根柱子象征 24 节气，12 根金柱象征一年 12 个月，12 根檐柱象征一天 12 个时辰，4 根龙井柱象征一年四季，而檐柱、金柱、龙井柱相加为 28 根，又象征周天 28 星宿。这些并非在工程技术层面所设定的数字，却是完全依靠工程技术设计和工艺水平来实现，并且要求达到完美。这种以星相或其他的寓意所构建的崇祀性建筑，古今中外，天坛祈年殿并不是唯一的例证，但祈年殿作为木结构标志性建筑造型独特、体量宏伟、结构巧妙、色彩典丽，它所传达的精神层面的追求和显示的工程层面的成就，已了无痕迹，趋臻化境。

同样在天坛公园内的三层圜丘坛，始建于明代嘉靖九年，清乾隆年间曾加以改建。在改建筹备时，每层围栏的望柱栏板的数量，大臣们就曾经引经据典地提出不同的量化取值，乾隆皇帝也提出总数为 360 槽的要求，并将原定烧制青色琉璃望柱栏板，改为汉白玉雕造，最终是依据《易经 · 系辞上》，三层每层四面，顶层每面 9 槽，合 36 槽，中层每面 18 槽，合 72 槽，底层每面 27 槽，合 108 槽，计共 216 槽。正符合易经系辞上之原文“乾之第二百一十有六，坤之策四十有四，凡三百有六十……”之叙述。

圜丘三层坛面用艾叶青青石墁砌，顶层中心为圆形天心石，围绕天心石有 9 圈同心圆分割，由内向外首圈为 9 块扇形青石依次向外皆为 9 的倍数，中层底层坛面也是如此。此工程技术，在选料、切割、量角、成型、拼缝、放线、丈量、泛水等每一个工艺细节，均堪称苛刻的技术要求。至今当游人登坛眺览之时，无不为当时工匠的技艺所叹服，特别是站立天心石上，言语呼唤的回响效果，又给这座建筑蒙上一层神秘的色彩，也是中国古代建筑同类工程技术的完整实例。

颐和园工程是中国封建社会最后一个王朝的最后一次大型造园活动，工程从光绪十二年（1886 年）开始，结束于光绪二十一年（1895 年），延续了十个年头。这项工程至今还保存着相当完整的《工程清单》,《工程清单》是主持工程的海军衙门向皇帝和太后汇报工程进度的报表，每五天汇总一次，即按阴历每月初一至初五，初六至初十,十一至十五,十六至二十,二十一至二十五,二十六至三十（月大）或至二十九（月小）。这份保存于国家第一历史档案馆内的文件，自光绪十七年（1891 年）工程全面展开始至光绪二十一年（1895）五月二十五日止，相当完整。清单内容包括每五日之内按每项工程的工作内容如实呈报，并标明承包木厂（施工单位）的字号，每年只有进入十二月份中下旬和正月上旬歇工过年，才停止呈报，或者遇暴雨停工也注明。但光绪十九年十二月与次年正月，由于赶慈禧生日工期，并未停止施工。

《工程清单》中的工作内容，若将单项工程提出排列，即是一项工程延续不断的工艺流程和技术档案，这在研究古代建筑工程中是极为难得的档案资料，不仅如此，保存下来大量的工程估算单和奏销档，既反映了工程造价、单项材料价和工价，也反映了所用材料的规格和数量、材料产地、运输方式及造价等等内容。

保存在国家图书馆善本库中完整的《万寿山工程则例》写本，是乾隆时期兴建清漪园时的工程技术规范，内容更为具体和精细，不但有定额而且有材料，特别是《则例》所援引的陈例叙述，不仅仅是清漪园工程的历史档，比如在制定万寿山宝云阁铜殿则例时，就援引了圆明园内相关建筑和北海白塔前善因殿的陈例，是类比清代工程技术难得的资料。

再举一个公园中古建筑的特别样式，以北京香山公园碧云寺中的五百罗汉堂和苏州西园的五百罗汉堂为例，它们都源自杭州净慈寺和灵隐寺原有五百罗汉供养的规制。

碧云寺、西园五百罗汉堂建筑平面皆作田字式，是中国古代建筑内部展示功能的一个格局创造。它较之于在一个巨大室内空间内以展板、隔板所延展出来的回绕参观路线，有着更为优越的展示功能。表现在自然采光面和室外所留出的四个内部庭园以及正方体建筑室外部的环境优化，庭园园林化。这种布局，对现代博物馆的设计布局，无疑存在着启迪作用，特别对现代低碳、智能的设计要求，不无借鉴作用。

评价古代建筑的工程技术价值，既有对实物的观察与测定，又有这样一些珍贵完整的文献档案所储存的历史信息，是古代建筑研究中难能可贵，值得庆幸的机遇。

2.2 建筑艺术价值

关于中国古代建筑艺术价值的论述，往往离不开历史名园中园林古建实物的例证，大到选址、平面布局、立面设计，小到窗棂纹样、栏杆制式、色彩处理等等方面的解析评说。在古代文献，特别是诗赋中所描摹古代建筑之美的词句，如"画栋雕梁"、"碧瓦朱甍"、"仙山琼阁"、"雕栏玉砌"、"近水楼台"等，其中不少已成为至今可用的成语，活跃于百姓口头。无论是皇家园林中殿阁的富丽，还是私家园林中厅堂廊榭的娟秀，这些成语均能在历史名园转化的公园中，寻找到相应的古建筑所显示的形象、意象之美的实际场景。

若说唐代杜牧《阿房宫赋》中的"五步一楼，十步一阁，廊腰缦曲，檐牙高啄，各抱地势，钩心斗角"之句，只要在颐和园中的排云殿景区和北海琼岛上稍加体验，便能够感受到描写的文字与景观实物之间何其相似乃尔。

排云殿景区依万寿山前山的山势布局，通过几进院落层层爬升，从排云门前广场临湖的云辉玉宇牌楼开始，向北进入排云门，过池上石桥，步上石阶走进三间的二宫门，即到达排云殿正殿雕栏玉砌的石造台基。排云殿面阔七间，左右顺山以复道相接东西三间耳殿各一座。耳殿各向外折，转过回廊便折进爬山廊，汇向高踞在上的德辉殿。穿过德辉殿，便到达佛香阁高达20m的石造114级石阶。石阶分向两侧爬升，转角处由两侧向中心汇合至佛香阁山门。进入山门便是高达近40m的佛香阁。佛香阁并未建在万寿山山顶，阁后山坡利用自然山势，堆叠山石，建有五色琉璃牌坊一座，名曰众香界，通过牌坊才是建于山顶制高点的智慧海琉璃无梁殿。

在清漪园时代，万寿山中轴线是一座大报恩延寿寺，排云殿现状保持了原有寺庙格局，只是在正殿排云殿以南的区域由原来的佛殿，改作为慈禧祝寿的殿座。在清代中期，乾隆曾对皇家苑囿内的建筑作过规定，只有在园内的寺庙可以用琉璃瓦件，而并非寺庙的排云殿景区内却是正殿、配殿、廊道一色金光灿灿的黄色琉璃瓦，反倒是供佛的佛香阁却是绿色剪边的琉璃瓦。根据档案记载，排云殿景区用琉璃瓦件的数量为五十四万余件。排云殿景区主体，由排云门至德辉殿，三进院落组成，设有宫门两座，正殿一座，耳房两座，配殿四座，罩殿一座，游廊、爬山廊共 148 间，占地面积不足 $1hm^2$，总体布局密集有序，主次分明。特别是屋面殿角在虚空中显示的嵯峨相峙，若接若离的景观形象，在现存的古代建筑群中，甚为罕见，正所谓“檐牙高啄”、“钩心斗角”的绝佳图解，堪称经典。

排云殿景区的另一大特色是依山而建，将多进建筑形象作了立体的展示，仿佛登在梯凳上的群体合影，最大限度地表现了皇家殿堂辉煌气势。这种颇具震撼力的建筑表现力，不但在皇家园林内独一无二，即使在宫殿建筑群也难以匹配。

北海琼华岛形成于辽金时代，精巧醒目的白塔，冠簪于山顶，是飞速发展的首都北京的历史坐标。从立面上观察，山体与白塔的印象高度大体上是 1：1 的比例，取得非常调和的效果。同样是覆钵式的白塔，建于琼华岛上的白塔与相离不远妙应寺中塔基始于平地的白塔相比，更显得玲珑多姿。加之琼华岛白塔全然由树木绿化山体的托举，塔身凌空，影廓没有任何遮掩，衬托在蓝天白云之下，塔刹、相轮、华盖宝顶的细部装饰更增添了塔身纯净洁白之美。北海的白塔虽是一座三百多年前的古代建筑，却完全经得起现代审美观念的考量，它是一座宗教意蕴建筑的原创，却在现实中被普遍认定，融入了现代人的社会生活。

然而，白塔不是孤立的，隐现于白塔山绿树丛中的殿角楼台、佛寺轩廊与其有上下的构图呼应。最突出的要数琼华岛北立面的沿岸嵌缀楼阁的双层楼廊，不但圈廓了琼岛北面坡脚和内部庭院，而且这种楼廊的形制为现存历史名园中所仅见。在建筑立面设计上由于增大了廊的体量和高度，拉近了和白塔基部的视觉距离，以 167m 的水平横幅展开，承接了白塔悬垂式的垂直态势。自白塔宝顶向楼廊两端的城关连线，呈一个稳定的等腰三角形的立面效果，并且倒影水中，将以建筑为主体的景观画面之美抬升到极致，所谓“仙山琼阁”，被引进到都市的腹心之地。

私家园林的建筑，虽没有皇家园林中的鸿篇巨制，但在选址和尺度比例上更讲究精细，特别是内外檐装修的精雕细琢、巧思妙趣，更耐人寻味。私家园林中的厅堂建构，往往是提升了当地的民居演化而来，内部的高敞轩亮，并不亚于北方皇家园林中的殿堂，只是一般不施彩绘，而加以雕刻装饰，古雅端秀。这些园中厅堂的建筑艺术价值往往表现在造园艺术的环境之中，与皇家园林中殿堂的轴线布局有别。

2.3 历史文化价值

公园中的古代建筑是历史名园文化遗产的重要组成部分，它们的价值所在是多方面的。研究建筑史、造园史，固然离不开这些物质的遗存，但我们认识这些价值和内涵的时候，早已超出了这些界限，而进入更为宽泛的领域加以综述和认定。比如在绘画史、文学史、宗教史以及产生这些建筑的特定历史背景的历史事件和历史人物的研究和注入，使公园中的古代园林建筑，具有普遍的文化价值和重要的遗产价值。

在全国开放的历史名园公园中，被列入全国和各级重点文物保护单位的虽不是全部，但是绝大部分具有古代建筑遗存的均已属于这个范畴。被登录联合国教科文组织世界遗产名录的中国遗产地有相当部分是开放为公园的历史名园，其中仅属皇家园林和私家园林的就有承德避暑山庄及外八庙、苏州园林、颐和园和天坛，还不包括完全属于自然风景园林、寺庙园林的列入世界遗产项目在内。凡列入世界遗产名录的历史名园，联合国教科文组织都给出了极高的评价。

1997 年 12 月 4 日，在意大利那不勒斯召开的第 21 届遗产委员会上，拙政园、留园、网师园、环秀山庄为典型例证，以苏州古典园林项目列入《世界遗产名录》。2000 年 11 月，在澳大利亚凯恩思召开的 24 届年会上又将沧浪亭、狮子林、艺圃、耦园、退思园作为苏州古典园林的增补项目列入《世界遗产名录》，至此，苏州古典园林共有九座始建于宋、元、明、清不同朝代的私家园林成为世界遗产地。联合国教科文组织对它们的评价是："没有哪些园林比历史名城苏州的园林更能体现中国古典园林设计的理想品质，咫尺之内再造乾坤。苏州园林被公认是实现这一设计思想的典范。这些建造于 11 ～ 19 世纪的园林，以其精雕细刻的设计，折射出中国文化中取法自然又超越自然的深邃意境。"

在这个极高的评价中，虽然没有突出园中的古建筑物，但中国古代园林的理念与实践却涵纳其中。同样的高度评价，还表现在对颐和园的评语之中。1998 年，12 月 2 日，日本京都第二十三届世界遗产组织全委会通过将颐和园和天坛登录《世界遗产名录》。对颐和园的评价有三条：

（1）北京的颐和园是对中国风景园林造园艺术的一种杰出展现，将人造景观与大自然和谐地融为一体。

（2）颐和园是中国造园思想和实践的集中体现，而这种思想和实践对整个东方园林艺术文化形式的发展起到了关键性的作用。

（3）以颐和园为代表的中国皇家园林，是世界几大文明之一的有力象征。

我们不难从这些评价的文字中解析出，园林中建筑物所占有的份额，何况园林本身就是建筑的一种特有的形式，只是它比一般的建筑学涵纳更多的自然元素和超脱于物质之外的精神追求。

公园所继承历史名园遗产中的轩堂馆榭，亭台楼阁，就其名称所赋予建筑的文化内涵，即可窥见一斑。这些名称的取得，往往来源于古代典籍中的依据，即使字面非常通俗易懂，背后也隐藏着或是哲理、或是诗意的典故。如无锡寄畅园中临池小榭，称之为知鱼槛，看似观鱼所在，却是引用了战国时代庄子和惠施的秋水濠上的对话，即两句："子非鱼，安知鱼之乐"和"子非我，安知我不知鱼之乐"。一个诡辩的哲学命题，却一再被引用在皇家园林和私家园林之中，如避暑山庄有"濠濮间想"，静宜园有"知乐濠"，北海有"濠濮间"，谐趣园中有"知鱼桥"。

要将公园中古代建筑名称全部集中作一个诠释，将是一个巨大工程。从建筑形式上看，也许名称与建筑并无必然联系，但是将建筑功能和所处在的环境观察分析，这种提示性的文字标题就显示出了它的景观价值和园林之所以成为一种文化现象的意蕴所在。说它是提示性的，是因为这些建筑名称往往由名人书写，制作成匾额，悬挂在建筑物的中央檐下，既醒目，又成为建筑物的一个组成部分。除了匾额以外，意犹未尽，就撰写对联，深化、解析、烘托匾额内容，悬挂于廊柱、金柱的外侧，成为建筑又一层装饰和表白。这就是我们所说的楹联或抱柱联，是我们保护维修古建筑时不得不纳入制订维修方案的内容，实物遗失的要根据文献记载，补写制作恢复原貌。

公园古建的历史文化还表现在以下一些方面：

皇家园林中的一些殿堂，不但是对中国历史产生过影响的帝后们居住、活动的场所，还是一些重大历史事件发生的舞台，是历史的见证，有的还在建筑物上留下深深的痕迹。最典型的要数颐和园中光绪起居的玉澜堂，戊戌政变以后，为了囚禁这位失势的皇帝，玉澜堂与外部的通道曾经封砌只保留玉澜门出入，至今两厢配殿门内通顶砖墙仍在，后檐门封砌的痕迹和门前垂带台阶犹存，向参观的人们诉说着这一幕历史悲剧的情节。至于 1860 年和 1900 年被帝国主义焚毁的三山五园建筑遗址，不仅集中在圆明园之中，而且散见在颐和园与香山之内，传递着近代史上民族灾难的实物信息。

宗教文化作为世界文明的一个组成部分，在我国开放的历史名园公园中具有不容忽视的比重。中国古代园林有一类被称作寺庙园林，一些恢弘、壮美的寺庙园林就存在公园之中，作为景区和景点开放，供信众朝拜和一般游客参观游览。北方的皇家园林如此，全国的风景名胜区的公园也是如此，这些寺庙的古代建筑历史悠久、气度庄严，是中国建筑史的重要组成部分。现存国内最早的唐代木构建筑南禅寺、佛光寺

图 2.3–1　妙峰山挪建自圆明园遗址的石塔

是寺庙建筑，此后按朝代能以排序的古建实物绝大部分是寺庙建筑，特别是佛教的寺塔。寺庙建筑融入公园之中，不但在开放管理中要研究宗教文化和宗教在历史上的传播及教派的扬弃嬗变，而且宗教艺术作为一个艺术门类，制约着我们对寺庙建筑的保护和维修。

2.4 园林景观价值

将园林景观价值定位于园林古建的核心价值，是园中建筑在造园时的规划设计取向所决定的。园林建筑的主要功能在于成景、得景与观景，即使是皇家园林中的理政，私家园林中的待客，也离不开这些园景的追求。使建筑园林化的手法，不只是殿前堂后的花木种植与山石堆叠，而首先是位置的经营选择和建筑物立面形象，以及外檐装饰的处理，皇家园林和私家园林均有这样的例证。

颐和园的东宫门内以仁寿殿为中心的政治活动区，是援引宫廷建筑外朝的规制，从东宫门外数百米的“涵虚”、“罨秀”四柱七楼牌楼开始，过广场西端月牙河两端石桥横置面向东宫门的大影壁。东宫门外由四座朝房相向而立，围合成宫门前广场。走进东宫门，正对仁寿门，甬道两侧种植柏树，并于两厢相对建南北九卿房。进仁寿门内，面东仁寿殿面阔七间，进深五间，月台前种植以松为主，间植花木，两边各为面阔五间的南北配殿，清漪园时称勤政殿，殿后土山环境此山一殿，不但满足园内朝见功能和皇家庆典宴席，最重要的是它屏挡了殿后万寿山昆明湖的主景。在全园布局中，起到了园林景观先收后放的障景作用。

私家园林的厅堂择地多以临水取胜，不但取得“到门惟见水，入室尽疑舟”的境界，而且作为一种景致，倒影楼台且不说，晚间张灯宴客、隔水观望、棂花窗楞、通明剔透都在星月交辉之中，所以园中厅堂多取四面厅。所谓四面厅，就是厅屋四面均取落地长窗或低矮槛墙作外檐装修，使内外视线通透无碍，身处厅堂之内，四周景色尽收眼底。在北方的皇家园林中，殿堂的外檐装修大都也作出同样追求的处理。所以像颐和园内的殿堂和四合院的主配房槛墙所占柱高的比例，是降低了一般古建筑所使用的尺寸。

园林古建，有一些是作为园中主景的，还有一些是园中景区的中心建筑。这些建筑物的体量往往是一园之冠，或相对突出。作为主景，它就不是孤立的，而是有其他的建筑物相呼应、陪衬与烘托。这里仍然举颐和园中佛香阁的例子。佛香阁八面三层四重檐，屋面为八角攒尖顶，宝顶镏金。再看其周边的建筑物，阁前左右是敷华、撷秀两座被山石托起四方重檐攒尖顶完全对称的殿座，这两座亭式殿的镏金宝顶与佛香阁宝顶从正面看，在空间上大体构成一个直角等边三角形。向外、向下还有多个均衡分布于两侧的攒尖顶建筑相呼应。山下、长廊边还有一座山色湖光共一楼。其立面，几乎是佛香阁的缩影。昆明湖对岸东堤的廓如亭（八方亭），八面两重檐，就顶部看，几乎是佛香阁顶部两重檐的一个实样，屋面只是用灰瓦，宝顶只是砖砌组构而已。

这样从总体布局所显现的设计，并非宗教意义上的考虑，并非建筑结构和技术的考虑，而是归集在园林景观这个层面上，是主景突出，配景烘托，点景呼应的效果。使偌大的园子，在空间上得到统一的建筑基调，使山水架构更为和谐，将多姿多彩的建筑，驯服在造园布局的总体策划之中，正是园林建筑的景观价值之所在。所以历史名园中的古代建筑不能脱离“园”这个主体去孤立对待它，认识它。建筑学之所以概括不了园林学，就在这些具体的地方体现出来，我们倒是可以说园林学，丰富了建筑学的内容和文化内涵，更具体地说是赋予建筑以园林所具有的诗意品质。

还有一些园林中的建筑，已成为认识、界定园林的标志、符号，比如前面提到过的廊、亭、桥。这些建筑形式作为中国园林的特征，早已被运用演绎到极致，在造景的语汇中是最通用和出现频率最高的元素。另一种建筑形式——舫，则更具有景观审美的典型意义。

按说舫作为一种建筑形式并不起始于园林。舫是船，将船作为建筑形式，始于宋代欧阳修在官署的边侧建造了一座面阔一间深七间起居待客的房子，进去的人都仿佛到了船上，取名“画舫斋”，并写了一篇很有名的文章《画舫斋记》。舫作为园林建筑，有陆地、临水、半在水中、全在水中的不同形式，也有似船非船，完全像船的形象，相应有船厅、舫、石舫、不系舟等名称。建于陆地的舫，有隐喻水的立意，建于水中的多用石造船体，所以一般称石舫。石舫是典型的“以虚代实”弥补水面狭小，不能泛舟的写意之作。为了表现和突出这种意境，苏州退思园中的石舫“闹红一舸”的平面取向，与岸边建筑取向迥异，使人联想“野渡无人舟自横”的名句。拙政园中的石舫“香洲”，船头稍作倾斜之势，有漂浮摆荡之感。南京煦园石舫不系舟，两舷搭石桥与岸边相通，行走之上有若登船过跳板的趣味。颐和园的石舫，是同类园林点景中体量最大的一座，长可达 36m，上建大理石洋式舱楼，船头抵岸，带石雕船舵的后艄面向湖面，又别具另种风情。费了一点笔墨介绍石舫，是因为这种园林建筑，能够传达园林景观取向的独异之处和一些容易被忽略了的园艺匠心。

第3章　公园古建筑的维修

3.1　管理修护体制

古建筑是古代物质文化遗存中一个重要的组成部分，保护古建筑是文物保护工作中的一项重要任务。目前，我国古建筑遗产的管理体系，特点是纵向多层级管理（条条管理）和横向多部门管理（块块管理）的结合：纵向多层级管理，是指各有关职能部门采取上级业务部门指导实际承担管理工作的对应下级的方式进行管理。各职能部门形成完整的垂直序列，形成“条”状分级管理格局；横向多部门管理，是指遗产地在实际管理中一般隶属某级政府的园林、文物、文化、建设、旅游、民族宗教等职能部门并分别由其负责。

按照目前的管理保护体系，一个独立的遗产保护单位进行保护规划之前必须具备完善的科学工作体系，才能避免在工作中出现纰漏，从而达到顺利地完成工程立项、资金立项、工程招投标及最后工程审计等等一系列工作目标。“没有规矩不成方圆”，应规范基建管理保护行为，提升管理保护的整体水平，依据中华人民共和国建筑法、中华人民共和国文物法和各级地方政府有关基建工程管理的地方性法规、规定，结合园林系统基建工作特点制定行之有效的管理保护体系。以下以北京市颐和园管理处为例加以介绍。

3.1.1　机构设置

成立工程领导小组，成员组成：

组长：园长　　副组长：主管基建工作的园领导

成员：纪检书记、主管财务的园领导、文物部主任、管理部主任、建设部主任、保卫部主任、基建队队长、基建会计。

园内重大、重点工程设立临时性项目部，项目部成员由工程领导小组指派。建设部门为基建工程的全程管理责任部门，基建队为基建工程施工现场管理责任部门。

3.1.2　工程前期准备工作管理

工程前期准备工作由建设部门负责组织实施。准备工作必须履行下列程序：

（1）建设管理部门对拟列入年度计划的修缮、基建工程项目做好前期立项的准备工作提供以下依据：

1）对拟修缮建筑进行勘察，出具勘察报告。

2）制定初步修缮方案，编制设计概算。

3）重大项目请专家进行论证，出具评审报告。

4）编制可行性研究报告。

（2）批准的年度计划项目，履行下列审核批准程序：

1）向上级提出立项请示，按要求提交相应技术文件。

2）得到上级单位对该项目的批准后，向市文物局申报。按要求提交相应技术文件。

3）需取得规划、市政、环保、消防行政审批的项目，同时向相关部门进行申报。

4）在得到市文物局和相关部门的批准文件后，开始进行财政评审，申请财政资金。

5）财政评审通过后，按照相关法规要求，进行施工单位、监理单位、审计单位选择的公开招标。

6）招标程序完成后，与中标单位签定合同等法律文件。施工合同要认真执行《经济合同法》，由建设部门草拟并报主管园长审定签字生效。

7）向国家文物局及市文物局提出工程开工申请，按要求提供相应文件。

8）办理工程质量监督手续。

9）组织有质量监督部门和相关部门参加的工程设计交底会。

10）移交工程现场管理部门，由工程现场管理责任单位（基建队）实施现场管理。前期申报程序结束。

需要在此强调的是，目前由于前期立项工作要求越来越科学、严谨，项目申报必须具备完整的立项可行性研究报告、前期勘察技术报告、初步设计及项目预算，才能保证项目资金的落实。无论资金来自于发改委、市政管委、文物局还是园林绿化局等等委办局，都需要完备的项目前期各种技术报告。这就涉及一个问题，需要单位拥有一个素质高、能力强的设计团队。这个设计团队本身应具备设计资质，可以将本单位的准备立项的项目按照计划作出项目库，随时根据资金来源的不同，将做好的项目出库，打包上报财政评审。俗话说得好"兵马未动，粮草先行"。只有具备了完备的技术资料，才能保证资金的申请与落实。我们常说机会是留给那些有准备的人，信息的稍瞬即逝，往往让我们落后别人几年或更长的时间。只有及时准确地捕捉到立项机会，才能保证年度计划的顺利进行。

3.1.3 工程质量、施工管理

（1）施工单项合同概（预）算在 200 万元以上的工程项目，必须实行工程监理。

（2）施工过程中甲方施工管理人员必须在现场实施管理。

（3）施工过程中对工程质量严格检查、严格管理。甲方、监理要监督施工方坚持自检、预检、隐检和竣工验收制度，按质量监督的要求按时填写自检单、预检单、隐检单和竣工验收单，内容要真实具体。

（4）要认真核实工程量，尤其是隐蔽工程，隐蔽工程的验收，由建设部及项目责任单位共同组织，经相关方签字后可作为结算依据。

(5) 所有工程执行国家工程施工及验收标准，执行国家文物局、北京市文物局制定的《文物建筑工程质量检验评定标准》。

(6) 项目责任人要对工程造价、工期、质量进行有效控制，及时与主管园长及建设部进行汇报，对重大设计变更和金额较大工程洽商要事先汇报后执行，洽商金额在5万元以下的工程变更由项目责任人报主管园长审核批准，凡洽商金额超出5万元的，必须由主管园长报园长审核批准。

3.1.4 竣工验收管理

(1) 施工单位在工程自检合格基础上向建设单位的工程项目法定代理人提交书面竣工报告。

(2) 建设单位收到施工单位的竣工验收报告后，对符合竣工验收要求的工程组织勘察、设计、施工、监理单位组成验收组，制定验收方案。

(3) 联系质量监督部门进行初验，合格后进行工程竣工验收。

(4) 建设单位在工程竣工5日前，到质量监督部门领取备案表进入备案程序。

(5) 建设单位在工程竣工验收7个工作日前将验收的时间、地点、验收组名单书面通知监督站。

3.1.5 预结算管理

(1) 工程预结算管理由建设部门负责。

(2) 各类工程在开工前编制工程概算。

(3) 工程竣工验收合格后，认真填写工程预结算报审表。报建设部门审核。建设部门委托审计部门进行全过程审计监督的工程项目，工程结算以审计部门审定额付款。建设项目未经审计不得付清工程尾款，不得报批竣工决算。

(4) 办理工程结算手续，施工单位要交齐所有完整竣工资料，否则不予办理。

3.1.6 工程资料的整理出版留存

作为古典园林修缮的管理者不但是要将园林本身修好，更是要将历史、文化信息传承下去。在修缮过程中，要详细地对整个修缮过程进行了记录。尤其是对传统做法、传统工艺的抢救性整理、记录，形成一套较为完整、真实的技术档案，包括传统的工艺流程和特色做法，反映整体与残损病害部位的关系和修缮方法；反映现今做法和传统做法的对比等，拍摄照片存档并做好标记和图纸纪录。这部分重要技术档案不但将成为下次修缮的依据，也将为文物建筑修缮的传承做好坚实的基础。重大项目可以申报专项资金用于出版工程竣工报告。

3.2 日常维护

古建筑物的保护维修，从理论上说，从它建成的那一天起，便已经开始。在当时，甚至在建造过程中，便已筹划维护和维修问题。清末，颐和园在复建过程中，便有“岁修经费”的专项征调列支的记载，其数目大致是建造费用的 10%；天安门在 20 世纪 60 年代末翻修时，发现过贮存于顶部的备修应用的银锭。这些都说明了古建维修的必然性。古代建筑的保护维修，是周期化和制度化的，如定时拔除屋顶、基座、墙体孳生的杂草、树苗。1962 年，为拔除妙应寺白塔的杂树，就曾搭建过专门的简易脚手架，直至华盖上部的宝顶。笔者当时就读中国佛学院研究生部，因参加设于广济寺内中国佛教协会的石窟调查组工作，与白塔寺相邻近，曾随北京大学历史系考古专业阎文儒教授，两次从这座脚手架蹬至塔顶，对塔体结构进行考察拍照。记得那副脚手架弯转折曲、一线而上，未见在塔身上生根，只覆盖满足工作面要求，特别是从 13 天塔颈处，探出华盖边沿，翻登盖顶的那一步，使人叹为观止，应是当时老杉篙工匠的杰作绝活。据说这种专为维修而搭建的脚手架，要比修建时满堂红的脚手架难度大得多。用今天的标准衡量，在生产安全这个环节上，是绝对通不过的，这里只是举例说明古建维修技艺，在传统古建工艺中的一斑。

在古建传统工艺中，本来就有一部分是从千年以来维修实践中创造发明的，举结构节点为例就可以说明。柱础与柱脚结合处，本来就有许多预制和预留的处理，如稍早的榩（zhi）和稍晚的管脚榫，它们是防止柱根糟朽和走动的部件，而墩接技艺，是弥补已经产生类似问题的维修措施。墩接，这个在维修做法叙述中经常出现的古建业内术语，省去了做法的细节，而被视为合乎传统传承规范的维修技艺。除墩接以外，如揭宄、剔补、打牮拨正、落架大修、更换大木等这些施工术语，都出现在维修过程中。维修工艺是中国传统建筑工艺技术的重要组成部分，它生发在初始营造周期过程之后的接续部分，反映了中国传统技术讲求延续性和可逆性的辩证风范。尤其体现在建筑部件组合的榫卯、成砌、安装、归安、拆砌等相应的维修工艺之中，部件既能安装也能拆卸重组，不但与相邻近家具工艺相似，而且和绘画装裱工艺可以挖补、可以揭裱的思路相通。我们经常夸赞能工巧匠，其实能工巧匠在维护和维修过程中更有用武之地，更能发挥创造并显示技艺才能，有时确能达到巧夺天工、天衣无缝的境界。其中的奥秘就在于，建筑的建造过程是有规矩和规范的，而建筑损坏是并非用一般规律所能概括的。

古建维修虽有周期和制度，但不排除天灾人祸的毁坏后的即时维修复原，在正常情况下，古建周期性的大修不超出 20 年。有一种说法，木结构传统工艺的新建，80 年进入老化期，对待进入老化期的建筑，维修频率就必然高一些。颐和园的绝大部分建筑，建成于 19 世纪八九十年代，按照 80 年进入老化期的说法，应在 20 世纪的六七十年代进入老化期。这里且不说建筑表层油漆彩画的特殊性，只从大木结构来讲，在民国时期，园内有些建筑就因为年久失修而无力维修被拆除，如光绪的六所御膳房等处。1953 年，佛香阁也因“年久失修”濒于倒塌而进行了解放后的第一次近乎翻建的大修，这些建筑离建成也就是 50 ~ 60 年的时间，并未进入所谓的老化期，考其根本，与缺失常态维修相关。即使是初始的施工质量问题，也与跟踪监测未能及时发现和采取措施相关。问题到了抢救地步，必然是积久而成，在 20 年大修的周期内，小修不断是关键。

近代，对中国传统古建筑的认识，已经从工程技术层面较为单一的观测与作业，增加了许多观念上的、国内外固有或新兴理论的介入与干预。许多行之有效的技术问题，从工匠的传统传承转向专家和工程师的理论决策，将工匠维修智慧的发挥分离在外，从根本上革新了古建筑保护维修的传统程序。特别是嫁接了并非中国传统建筑体系因结构、材质、工艺所发生的理念，制约了中国古建维修本来可以在原有基础上与时俱进的特色提高与发展，而进入了“千师易得，一匠难求”的局面。

俗话说：“小洞不补，大洞吃苦”是指衣服的破损而言，建筑物的损坏也有类似的情况，建筑物处于无人使用，无人管理，任其自然，同样会酿成必须立项抢修、大修的结局，这是古代建筑在天灾人祸的破坏之外的又一个大忌。日常检修、防微杜渐是不能间断的一项持久工作。在古建筑集中的公园之中，工程管理部门必须将巡检零修，列支专项资金，落实零修队伍，纳入年度计划，以应对随时发现问题，随时加以解决。同时建立使用管理单位、个人的情况通报制度，即时反映情况，在大风大雨之后，更要逐个检查、察看，反馈处理意见，即时采取措施。

公园中古建的日常维护，有几项属于常规性的，但不可或缺的工作。如屋面除草，同时查补检漏，协调绿化部门，即时伐除修剪扫檐树木枝干；雷雨季节来到之前检测避雷线路，核实数据是否达标，并报呈相关部门备案；节假日游人高峰来到之前，巡检山石，进行勾抹加固；查补路面，补齐垫平铺装砖石；查检加固松动石砌护栏，防止意外伤人；组织进行以古建为对象的消防演习等。这里面，有些看似从安全出发的项目，对古建的日常维护大有裨益，不能省略。公园还真的发生过大风吹落古建檐口瓦件伤人的事，公园古建管理内容也是公园安全管理的重要方面。

公园古代建筑的管理保护首要的是消防工作，以木结构为特征的中国古代建筑，多半毁于火灾。

1997 年春，笔者在韩国出席一次关于园林建筑方面的国际研讨会，并在大会上宣读《从颐和园看中国古代园林自然观》为题的论文，在与参会各国来宾交流时，首先遇到的一个问题便是管理颐和园最大的难题是什么。当时，思想并无准备，但是未加思索脱口而出的是“消防”二字。1998 年冬，笔者列席在日本京都召开的联合国教科文组织的世界遗产第 23 届全委会期间，承办方曾组织前往京都世界遗产地东大寺参观。主人首先展示的是消防队员迅速结集寺内拔地而起高达 56.4m 的五重木塔旁，顷刻之间，塔顶及上层喷出下淋伞状水柱与地面消防队员的上喷水柱相接，五重塔被罩裹在水网之中。这是一次消防演习，得到各国来宾的认同，在事后得到的书面材料中得知，消防队员有寺中的专职人员，还有寺外临近的志愿者。看来木结构建筑遗产的防火问题是所有管理者最不敢轻视的保护环节。

图 3.2–1 日本京都东寺五重塔消防演习的场景。摄于 1998 年 11 月世界遗产组织第 23 届全委会召开期间

公园中的消防工作，因有古代建筑而突显其重要，首先要从管理使用上抓起，对古建进电要有安全措施，安装要符合消防部门的规范要求，方案要送审，施工、竣工均需要通过专项检查验收。在古建中的活动要有防火环节，1989 年，颐和园佛香阁曾一度开放登阁游览，安全措施之一便是在入口以外的地方设立打火机、火柴、香烟等火种的寄存处，不使火种带入阁内；其次是完善消防设施，消火栓、消防井、消防器具均设置在露明处，并有明显的标志和便捷的启用方法，根据室内的使用性质，配置适用的灭火器；三是有自动报警系统和自动灭火出水系统。有水面的公园，设置消防船艇。本来北方拥有湖面的公园利用地表水在干旱季节使用电动水泵，向树冠喷洒蔫萎的叶面，颐和

园的管理者从中受到启发，设计订造了消防艇，配备消防班组，可以在昆明湖上快速接近沿岸发生火情的建筑，有效距离可达三四十米，缺陷是冬季封冻季节不能使用。通过经常演练，既可以提高技能，也可以增强对全园职工的消防意识。记得有一次接待联合国专家的考察，这位专家走到仁寿殿通往昆明湖的夹道中掏出了烟斗，准备点火抽烟，陪同人员客气地向他说明这里是禁烟区，并顺势介绍了园内的防火组织和设施，同时通知消防船到排云殿前湖面上出水演示，几分钟后，当这位专门考察颐和园遗产保护的专家，看到高猛的水柱已在湖面升起，十分欣慰地竖起了大拇指。这是一项事前并未安排的活动，作为突发事件检验了应变急预案和作业程序的可行性。

古建消防的另一内容是防雷。1958 年 7 月底 8 月初的一天，北京雷雨，夜间十三陵长陵祾恩殿大殿和中山公园露天剧场等处均遭雷击，造成局部损毁。此后，古建安装避雷针，提到日程上了来，并成为公园古建维修中对一定高度建筑维修方案的必列项目，也是古建维护管理中定期的监测项目。

一般古代建筑的构成，由地表以下的基槽部分和地表以上的基座或台基两部分构成。柱础在隐于台基之内植根基槽的磉墩之上，柱础的表面是承接柱木的结合点，一般是木石的平面墩放，不同时代，不同地域有柱基留榫，套入柱础的阴榫，此谓管脚榫，防止柱与础的走动。柱子顶部承接木构架，木梁架上钉椽望，椽望上布瓦盖顶。影响古建所出现的问题，往往是顶部渗漏，这可能是屋面瓦件的问题，但不可忽略的是，在基座地表的入土部分，有一个工匠特别精心设置的部分，称作散水，即防止雨水渗入地基以下的基槽层造成松动，使基座受力不均匀或局部沉降。这是一个渐变而细微的过程，如不及时发现日久将造成柱木以上木梁架的走动，致使屋面拔节，也是造成渗漏的一个原因。老一辈的建筑工匠，讲究七水八木。七水是指砖瓦匠作的手艺要领，突出建筑构成局部的重要性和关键性。这七水是指泛水、散水、滴水、砸水、回水、吃水、披水，实现接排水功能部位的手艺必须十分到位。散水的位置又处于檐口滴水和山墙封顶处披水的垂直下方，是封护基础的关键所在，所以散水的完好无缺，对维护整座建筑有着至关重要的作用，在古建的管理维护中是不可忽略的地方。及时发现，加以归安铺齐，是建筑日常维护的重要内容。

公园古建的日常维护，还反映在对古建开放使用的制度管理方面，这些制度的订立，主要依据文物古建的国家和地方法规，也有的要结合园内拥有古建筑物的特点，开放使用模式，有针对性地加以具体化。对这些制度从制订到落实检查，是全园管理工作的重中之重、不可忽略的环节，其内容主要是保证古建的安全和杜绝不当使用所造成的后果。近二三十年来，电影、电视剧选择古建筑群作外景地进行实景拍摄已经成风，特别是清宫题材的影视作品，在皇家园林中的拍摄活动频繁，形成一些隐患。国家虽然有专项法规进行控制，但作为接待单位必须有专门的应对措施，现场人员需严格按规定实地管理。实景拍摄是影视作品的卖点，恰是古建筑物容易产生意外事故的突发点。

另一项要注意的是古建照明，由于城市亮化工程的普遍实施和公园节假日晚间开放的需要，景观照明已成为装点城市形象的重要手段。公园古建，特别是城市或区域性的地标建筑，是照明光色塑造首选的载体，以电光源为主要的塑造方法，设备、设施、灯具的安装均要符合古建安全的标准，并避免将电源线和灯具直接与古建构件相钉接、铆接，以不触及古建本体为原则，采用泛光照光，仍可达到理想的效果。

3.3 构筑古建信息管理系统

下文以北京市属公园工程管理信息网络系统为例介绍。

北京市明确指出建设“数字北京”、信息社会、发展宜居城市的目标，提出建设创新型城市，推进产业结构优化升级等战略定位。这些都对发展信息化创造了良好的机遇和环境。纵观国内外的理论与实践探索，“数字化管理”的建设特别适合于在人才和知识的高密集区，建设规划和区域管理的高复杂区，对宏观战略决策的高敏感区，对生态环境的高依赖的城市地区首先展开。北京市属公园中古建筑密度高、文化遗产丰富、游客量大，管理相对复杂，在构建公园古建筑数字化的新形势下，应大力发展建设“古建筑修缮管理信息系统”，将古建筑勘察、修缮、管理资料实现信息数字化管理，全面提升古建筑保护科学化管理水平，使各级领导及时掌握工程进展情况，为领导科学决策提供有力的技术保障，为古建筑文物保护提供科学、及时、准确的决策依据。

北京市市属公园工程管理信息网络系统于 2007 年 9 月建成，构建数字园林新形势下的北京市“公园古建筑数字化”，实现北京市市属公园古建筑资料信息全面数字化管理，提升北京市公园管理中心下属单位古建筑保护科学化管理水平，满足北京市公园管理中心以及相关公园管理部门管理古建筑信息的需要，为古建筑文物保护提供科学、准确的决策依据。

公园古建修缮管理信息系统首先要具备景区数字化地图及建筑的数字化图纸，数字地图可以清晰准确标注出建筑位置、景区、殿座的资料数据库，包括景区、殿座的基本概况、历史修缮情况、现状保护情况；大木、瓦石、油饰彩画的详细情况资料。随着经济建设的发展和人们文物保护意识的加强，国家先后投入大量资金对颐和园内多处景点进行复原和修缮，在修缮过程中我们搜集了大量珍贵的历史资料、留下了宝贵的勘察数据和修缮记录。这一部分内容包括了大量的图片、数据、文字，改变了现有的粗放型资料保存方式，将复杂、繁多的内容分类、系统整理，量化、精确化，形成直观、生动的多媒体形式。

其中还要包括修缮管理和日常巡查，发布即时的古建筑修缮管理信息。修缮管理是对重点古建筑修缮工程内容的上报，包括修缮计划、修缮工程管理、修缮结果。日常巡查则是对古建筑日常监控内容的上报，由于中国古建筑以木结构为主，其木构、彩画、砖瓦等必须要经常地保养维修和定期检查，古建修缮管理信息平台可以及时上报古建修缮、巡查情况，相关的工作动态和信息也可及时传达给有关单位。

地下基础设施资料数据库也是重要的一部分。给水、排水、燃气、电信、电力、网络、监控管线等地下基础设施的建设规模不断扩大，其担负的传递信息、运输能量等功能是公园赖以生存和发展的物质基础。地下基础设施是生产生活的生命线，提高和加强基础设施资料的管理对安全生产和发展具有重大意义。

古建筑信息管理系统是经济发展、科技进步的成果，实现古建文物保护可持续性发展的重要举措，古建修缮工作需要各单位分工合作，古建筑信息管理系统的建成将古建修缮资料和信息整合、量化形成清晰的网络体系，最大限度实现资源的优化配置。古建筑信息管理系统将进一步推动公园数字化、网络化管理进程，提升市属公园的整体管理水平，形成特色管理、创行业典范。

3.4 古建修缮中的日常做法举例

3.4.1 石活修缮

石活归安：当石活构件发生位移或歪闪时可采取归安修缮的方法。如阶条、踏跺归安等。石活尽可能采取原地直接归安就位的修缮方法；不能直接归位的可拆下来，把后口清除干净后再归位。归位后应进行灌浆处理，最后打点勾缝。

3.4.2 墙体修缮

（1）剔凿挖补：整段墙体完好，仅局部砖块酥碱时采取的方法。先用錾子将需修复的地方凿掉，然后按原砖的规格重新砍制，砍磨后照原样用原做法重新补砌好，里面要用砖灰填实。注意凿去的面积应是单个整砖的整倍数。

（2）择砌：整个墙体比较完好，局部酥碱、空鼓、鼓胀或损坏的部位在墙体的中下部时，可采取这种方法。择砌必须边拆边砌，不可等全部拆完后再砌，一次择砌的长度不应超过 50 ~ 60cm，若只择砌外（里）皮时，长度不要超过 1m。

（3）勾缝：勾缝属于古建零修中常用的方法，多用于山石修缮中。山石由于长期处于自然环境中，其勾缝灰易酥碱、脱落，侵入水土，甚至长有杂草，如不及时修补，山石容易松动滑落，造成安全隐患，在修缮中需清除所有山石上的杂树杂草，剔除所有松动空鼓的勾缝灰，剔除局部由乱石及瓦片混合而成的水泥封面，将滚动松散的叠石摆放工整，重新背撒并按传统大麻刀灰方式勾缝。

（4）粉刷：粉刷是指用水性涂料对墙面及顶棚进行施工的工艺，俗称“浆活”，多运用于室内和室外两部分。室内多用于白色墙面，俗称四白落地，室外多用大墙涂刷，基本为红土色。

3.4.3　屋顶修缮

（1）除草清垄：由于屋面瓦垄较易存土，布瓦的吸水性很强，瓦垄中及出现裂缝的地方易滋生苔藓、杂草甚至小树，这些植物对屋顶的损害很大，常会导致屋顶漏雨、瓦件离析等现象，后果严重时还需挑顶重建，所以要想防患于未然，应注重日常的屋面清理工作。由于杂草的生命力及传播性很强，在除草时应把握季节性，选在植物的种子成熟前将杂草及根清除干净；在清垄时需将瓦垄中的积土、落叶清理干净，并用水冲净，减少植物种子的残留；除草清垄后应对松动或裂缝的地方及时整修。

（2）裹垄：在修缮过程中经常会遇到筒瓦大部分残缺或外观不佳的情况，可采取裹垄的做法，就是在底瓦的蛐蜒当上砌一层条头砖代替筒瓦，然后在其上裹垄。裹垄的方法为：用裹垄灰分糙、细两次抹，打底要用泼浆灰，抹面要用煮浆灰；先在两肋夹垄，并堆成筒瓦的形状；然后在上面抹裹垄灰；抹时可用铁撸子将灰上下捋直；最后用刷子沾青浆刷垄并用瓦刀赶轧出亮。

（3）揭宽檐头：古建筑的檐头部位极易受风雨侵蚀，损坏严重时应采取揭宽檐头的做法。先将沟、滴及底、盖瓦拆下存好备用，一般均需更换连檐、瓦口。重宽檐头时可在檐头拴一道横线，保持滴子、勾头的高低出檐一致。

(4) 挑顶：当屋顶瓦面破损严重，琉璃瓦釉剥落、漏雨现象严重，局部塌陷，其他方法均不能彻底解决时，可采用挑顶做法，即将瓦面全部拆除后重新宽瓦、调脊，根据建筑受损情况可使用局部挑顶的修缮方法。挑顶至泥灰背层，修补灰背裂缝，较大的裂缝需剔缝；挑顶至望板，修配糟朽的椽子、望板、连檐、瓦口等构件，旧件应尽可能保留使用。局部挑顶时应注意与整个屋面的做法一致，接搓部分应处理得当，不应出现“倒喝水”现象。修缮过程中应遵循能保留应尽量保留的维修原则。

3.4.4 大木修缮

(1) 墩接：古建筑的柱子尤其是与后檐墙或山墙交接处的柱根部易受潮、糟朽，丧失了柱子的承载能力，因此下碱外皮的下部加设一块透风，使柱根周围的空气在透风之间形成对流，防止柱根糟朽。但由于年久失修、自然和人为因素的共同影响下，柱根部仍会出现不同程度的糟朽，在修缮中常使用墩接的方法。墩接就是截去柱子糟朽的部分，再接上完好的木料，方法有刻半墩接和齐头墩接两种。此技术是解决了古建筑大木结构柱子根部的腐朽问题，是一项成熟、有效的古建筑保护修缮技术。

(2) 打牮拨正：古建筑由于受到地震、基础临水、院落排水系统不好等原因，而引起了大木构架歪闪，梁架构件游闪、滚动、脱榫等现象时可采取打牮拨正的方法。打牮，就是将构件抬起，解除构件承受的荷重；拨正，就是将倾斜、滚动、拔榫的构件重新归位拨正，此方法通常也称作大木归安。

(3) 落架拆除：当古建筑物中的各部分破损面积较大，破损程度较严重时，可考虑落架或翻建。落架拆除前应详细记录该古建筑的形式、结构及做法等内容，尤其对大木构件需要进行逐一检查，记录每个部位的损坏程度、尺寸、位置及数量，以便修配新构件。落架的顺序从屋面开始拆除，屋面的瓦件应按原位置样数编号保存，注意不要摔碰构件，最大限度地保持构件的完整。带斗栱的大式建筑如梁架没有重大问题最好不要拆卸斗栱，每攒斗栱应按照建筑的方位标明位置方向成攒保存。落架拆除后清扫台基，调整偏差的柱基位轴线，绘制平面图。

3.4.5 下架油饰

下架油饰：中国古建筑的木结构分为上架和下架两部分，檐枋下皮以下为下架大木多做油饰，包括柱子、槛框、榻板等部位，地仗的平整度也比上架大木的要求高。下架大木的修缮方法一般为砍旧地仗，按传统做法重做一麻五灰地仗，表层搓颜料光油三道及罩光油一道。

3.4.6 裱糊工艺

裱糊：重要的古建中，裱糊工艺十分复杂，如顶棚需要裱糊六层纸（含一层银印花纸）、一层棉布，缝隙、凹洼处需要部分棉布。裱糊步骤一般分为合纸、上打底纸张、托棉布及粘贴托纸棉布、嵌钉、粘贴预先合好的大张高丽纸、粘贴银印花纸。为了保证质量和便于操作，可根据施工的具体情况稍作变化，但整体工艺不变。

3.4.7 装修烫蜡

烫蜡：烫蜡技术多用于古建筑内檐装修和家具等器物的修缮中，是对木材表面处理的一种装饰手法，不仅能很好地展现木材优美的纹理，而且还在木材表面形成了一层保护膜。烫蜡分为两类，一类如上软蜡、干打蜡等烫蜡方法只能对其器物起到短期和临时的装饰保护作用，另一类就是烫硬蜡，其对器物的保护周期可长达10年之久。古建修缮中烫蜡工艺一般分为六步：

（1）对需修整的器物进行加固、添配和除尘，去掉污渍和油迹；

（2）将蜂蜡和川蜡按同等比例放入金属容器中加热至70℃左右融化成液体，放凉凝固后切块待用，此时蜂蜡和川蜡的混合蜡为成蜡，一般用于硬木家具；

（3）布蜡，布蜡分两种。一种是首先把成蜡烤软往器物上蹭，但要蹭匀。一种是把成蜡放在一个小盆或碗里，用吹风机把蜡吹化，再用刷子沾蜡，再往器物上刷，边刷边烤使其均匀。当遇到透雕或花罩时，不管是布蜡或抛光，要使用瓶刷，每个缝隙要刷到，同时使用吹风机，如有厚的地方要起掉；

（4）烫蜡，传统烫蜡工具通常都是自制的，即将烧制的木炭放入特制的钢丝网中进行烫蜡。如今多以电吹风机为烫蜡工具，其温度恒定又便于操控，大大提高了工作效率，操作中要充分利用热能，调整好电吹风机的远近距离和角度，使蜡在器物上充分融化，再用三绺刷子把蜡赶匀，薄厚均与一致，不能过厚；

（5）起蜡，待蜡干后看一看是否均匀一致，如有蜡疙瘩和较厚的地方应该起蜡，选用竹片或木片用它的棱角把多余的蜡铲掉（必要时可用较钝的刀片）；

（6）擦蜡，蜡起完后应用吹风机再轻轻吹一下，同时用软布轻轻擦过赶匀。晾干后要用板刷和布进行抛光打亮。

烫蜡对装修的保护作用突出，装饰效果清雅，近现代也出现了新的烫蜡手法和工具，对现代家具的生产也具有重要的意义，但传统烫蜡工艺仍运用于古建修缮中。

第 4 章　历史名园的遗址复建

我国的历史名园，经过自 1840 年鸦片战争以来的近代历史沧桑，甚难寻找到完整齐全的实物。不单是圆明园成为满目疮痍的遗址，香山静宜园二十八景也在遗址中所剩无几，即使是现保存最完整的颐和园，至今尚有三十多处建筑遗址遗迹。江南的私家园林，在解放后辟为公园开放，也是经过大量的复原维修实现的。改革开放以来，百废俱兴，反映在公园建设中，随着城市化的进程，不但兴建了大量的规模空前的，城市公园绿地，而且历史名园的遗产保护意识不断提高。继解放以来，园林古建维修得到更大投入的同时，园林古建遗址有选择的复建也提到了日程上来，像颐和园的苏州街、澹宁堂、景明楼及香山静宜园的勤政殿，都是规模较大的不是单一的建筑物复建，而是整个景区的复原开放。这些景点景区的开放，调控了园内拥挤游人的分布，对历史名园的保护起到了积极作用。通过复建过程中严格的传统工艺要求，造就了一批掌握传统建筑技艺的工匠，弥补了在一般维修工程实践中所不能取得同等水平的缺憾，而这种复建实践对提高古建维修水平，提高对古建的认识，提高古建在造园中的地位和作用等方面，都产生了深远的影响。但古建复建是依法、依据、严肃科学的过程，不可等闲视之。

图 4.0–1　北京紫禁城景福宫复建工程工地

4.1 立项依据

从考古学的要求出发，建筑遗址从理论上是可以复原建筑立面、结构和效果的，这种产生在图纸上的方案并不是惟一的，不同的设计师可以得出不同的方案，同一个设计师也可以做出不同的比较方案。但是历史原状是惟一的。即使遗址原状保存较好，建筑平面柱础尚有残存，柱网分布明细，台明四边清楚，墙基跟脚可寻，也甚难确定屋面的准确形式和梁架举折数据。

除遗址以外，文献档案资料是十分重要的依据内容。一是在建筑完好时，人们对它的记述描绘和晚近毁坏的图片、影像资料等等。在皇家园林中，保存的内务府维修工程档案最为具体，这种档案有对建筑物的普查记载，比如面阔、开间、进深的数据，有的还记载了大木的尺寸，用瓦的类别、色彩和型号，在维修过程若有局部的改动，也会在里面注明，作为造价取费的用材用工依据。但是并非所有的遗址遗迹都能查找到这样的档案资料。

图 4.1–1 圆明园建筑遗址（左上）
图 4.1–2 圆明园建筑遗址（右上）
图 4.1–3 经发掘清理圆明园园路细墁铺装残迹，清晰地反映了原布砖墁砌工艺（左下）
图 4.1–4 圆明园假山遗址所显露的原在山石中种植花盆残件（右下）

建筑绘画是比较形象直观的参考依据，现收存于法国巴黎国家图书馆的《圆明园四十景图咏》和清代河道总督麟庆的《鸿雪因缘图记》这一类书籍中，至今还能看到很有参考价值的绘画作品，后者有不少就反映了江南私家园林的景观。像圆明园四十景这样专门描绘一园景致的绘画很多，有石刻的、有册页多幅组画的、有反映在园主行乐图中背景的，但这种绘画不等同设计图和施工图，所以说它只是参考依据。真正能作为依据的是样式房的图纸，是按尺寸比例所绘，可以据以施工，但样式房图纸是设计阶段的图纸，要以标有“准样”的图纸为据，另一个局限性就是它只限于皇家建筑以及一些王府、敕建寺庙的内容。

当然，复建的依据还有园内现存建筑样式、时代特征、地域风格等共性的可资参考的因素。

这里所说的复建是原址、原样的复建，是按照世界遗产公约和国家文物法规，有资金来源和立法程序、行政审批的文物复建工程。作为法人代表单位，公园管理事业主体或者是上级主管单位，在提出或申报园内遗址复建项目时，应予以上所叙述的依据有所了解或委托有行业相当资质的单位做出符合申报条件和内容的方案，进入合法程序运作。

说是立项依据，上面列举的几个方面只是强调了可行性的技术层面的依据，更重要的是立项的理由和目的，以及复建后的使用方向和意义，这些条件更为多样和复杂，甚难与技术条件一样加以概括。

4.2　论证与审批

公园内古建遗址复建的论证是多层面、多学科的，论证的目的既要符合行政审批的程序法规内容要求，更要有严肃的科学态度。在立项、方案、设计、施工，用料的每一个环节上，都要集思广益，不断优化。在基建工程日趋市场化的现实环境下，园林古建的复建工程，更需排除弊端，在市场程序以外，强化论证过程，把握复建的效果与质量。

在立项阶段，历史名园的公园管理机构或上级单位，作为建设项目的甲方，应掌握全园的历史情况，尽多地积累相关文献资料在实测遗址遗迹的图纸和文字描述完备的情况下，根据复建的目的和理由委托有相应资质的单位，编制立项可行性报告。在立项可行性报告的阶段论证中往往由参与专家提出这样的问题，即复建后的园林建筑景观与现状景观的组合关系，特别是年代久远即已消失的拟复建对象，这是一个从园林景观角度所提出的问题，往往出自园林专家之口。这个问题也牵涉到现行法规的制约，因为历史园林还存在着不同时代的兴建、改建的叠加。比如，颐和园耕织图复建时，就遇到这样的论证分析。耕织图是乾隆时清漪园的景区，遗址地表现状虽有碑刻与古桑树等遗存，但大部分现状残存却是光绪时海军学堂的校舍建筑。这些建筑也应列入文物保护对象，不能拆除。两个不同时代，不同功能属性的文物遗址，在最后的复建实施方案中，体现了兼顾与折中

图 4.2–1　颐和园耕织图复建工地，未经油饰彩画的建筑群

图 4.2–2　北京市属公园，皆聘请专家，成立专家顾问组，指导古建保护维修工作，这是北海公园一次专家组专题会议结束后的合影

的取舍，在复建的遗址上再现了两个时代的两个主题，而成为颐和园中可以诠释的全新景区。它既非清漪园时代的耕织图，也非光绪时代的海军学堂，但历史遗存包括深埋地下的耕织图古建残基都得以保存，复原利用成为了复建主体。开放展出，也严格按照陈设档案进行了家具复制，符合耕织图殿座内的历史布置格局。利用海军学堂建筑布展的陈列，也详尽地反映了两个不同主题的内容。耕织图复建所形成的时代叠加，并非文物复建中的孤例，造成这种情况产生的因素，并非从园林景观的需求出发，而是服从于建筑遗址的遗存价值与国家文物法规的制约。上述这些情况是在立项论证时所产生的理念和确定的原则，到了方案设计的过程只是贯彻和体现。历史名园中的遗址复建是文物复建的范畴，所以参加讨论的专业学科，还有文物、历史和文物主管部门的行政负责人，可以和专家即时对话沟通。

方案和设计过程，仍需要进行论证，其论证内容仍然是以遗址的保护和立项原则的细节问题。古建复原设计的形制尺度成为这个阶段的主要关注内容。一个是复建对象的时代风格，即时代共性的体现，另一个是遗址和文献资料所传达历史信息的原建个性的突出表现，这是历史原貌能否准确还原的关键所在，仅仅依靠时代共性特征是不够的。有时，已进入施工阶段，问题还会不断产生，对产生的问题还要通过一定范围的论证和考量，校正设计图纸在实际中遇到的问题。因此不同形式的论证过程，几乎贯穿在复建工作的始终。

审批，在古建复建中是必不可少的行政程序，而且是关键性的过程。立项要发改委的批复，方案设计要文物部门的批复，开工要建设行政部门发放开工证。其中方案设计是园林古建遗址复建最为重要的环节，也是区别于一般建设项目的根本所在。复建单位要根据相关要求完善报批文件的全部内容，方可进入报批程序。

4.3 设计与施工

公园古建遗址复建工程中，有两个贯穿始终的环节，便是设计与施工。当设计方案已经行政审批进入施工阶段，和一般新建项目一样，仍然会出现修改设计或改动方案局部的问题，须要甲乙双方洽商解决，只是新建项目出现的这种问题是多种多样的。而古建遗址复建的中途改变的原因只有一个，就是发现更准确的依据使复建方案更符合历史原貌，或者在施工过程中，出现原方案的技术难点、疑点，只有在修正以后才符合古建原建时代的工艺特征，避免影响复建对象原来的结构形制和外部形象。笔者在主持、主管的几项遗址复建过程中，都遇到过这样的问题，下面所举的例子却是发生在清末的光绪年间，甚为典型。

光绪复建清漪园，改名颐和园时，万寿山前山画中游景区的复建方案，已由样式房完成了图纸方案的绘制，并经帝后审阅，颁旨依图纸重建，方案主体是一座平面为四方形的三层楼阁，但在进入施工清理遗址渣土阶段，发现基址是四方抹角的八方平面，随即由内务府上报这一情况，由样式房重新绘制图纸施工建造，这便是我们现在看到的画中游的建筑形象。这则关于遗址复建的故事，虽然历史规制背景不同，但证明复建设计非常重要的前提是对遗址的充分了解，遗址的存在和原状应是第一依据。文字记载、绘画作品，甚至保存有原建的相关图纸，均不抵遗址现状的真实可靠性。因这些可作参照的资料，文字描述、绘画取舍和图纸的始建、改建和年代等因素的可能不确定而发生讹错。在复建设计过程中，因档案图纸与遗址现状产生歧义的现象出现，已非一端，因为我们在认知古代建筑的时候，不能忽略在它存在的过程中，可能出现过改建、重建的过程。有时原建的图纸可能保存下来，而改建的图纸却未能发现。这在遗址踏勘对照图纸的设计前期工作中，是经常遇到的。现在有一些复建项目，已经在不扰动原来遗址的情况下，架空复建，是将遗址作为保护对象看待的一种理念。

古建遗址复建的立面设计，往往依照地域和时代的共性特征进行，这是在古建立面资料原来缺乏的情况下，不失有据可依的一种选择，但在园林中的古建复建遇到此类情况，还是要考虑所处环境的景观效果和多种视角的空间得景分析。比如同样的遗址形状和规模，处于山顶、山腰和水边或岛上，立面尺度比列是要有所调整的，包括屋顶的坡度。园林中的景观建筑往往要承接除正面、侧面的观赏得宜以外的仰视和俯视的景观视角考量，这种体现在细微之处的处理手法，在历史名园中几乎随处可见，当然也会看到一些不尽如人意的地方。

园林中古建的设计，从大的框架来看，是处理好人工建筑与自然的环境关系。从局部和细节来看，在设计中会出现许多区别于一般建筑关系中的接点处理。例如，上海豫园中，有一处游廊与山石洞口的对接，完全利用洞口的不规则表面，将廊端撞嵌在堆叠假山石洞口上，追求一种意想中的趣旨。这种处理手法，用设计图纸是很难表现出来的，只有现场施工中，加以细部处理，才能达到交接严丝合缝，接合处也没有雨水渗漏的隐患。若将洞口用规则形的石料成砌接口，技术要求简单得多，但达不到这样的自然之趣。

公园古建遗址复建施工过程，是实现设计要求的过程，也是修正设计、深化设计的过程。施工队伍的选择，除资质、业绩的标准要求外，还应该具备其他一些素质要求，比如，对于古建地方风格的传承掌握，对于施工现场管理的秩序与安全管理。古建维修复建工程，往往处在公园之内的某个区域，有时在开放接待游人的情况下，局部封闭施工，进料、出渣土、堆码砖石木材，均要有编制完善的路线图，尽量避免工作线和游览线的交叉，防止各种意外的发生。更重要的是工地消防，使用明火要有规定，要有相当的应急措施和保障系统，安全责任要明确，公园维修复建工地出现火情虽没有成灾，也是重大的责任事故，也要严肃处理。

施工场地设计方案也是一门重要的学问。颐和园复建苏州街时，现场工作环境极为不利，后湖两岸的施工现场平均不足十米，堆料工作面极为局促。实施方案是将后湖湖水抽干，利用湖床作为工作道、码放材料和现场预制加工的场所，运输车辆可以直达每座复建铺面的前方，才理想地解决了施工过程中的难题，这个方案是几经规划、比较才最后确定的。方案是由甲方熟知园内地形的主管工程的建设部门提出的，体现了公园古建维修中甲方的主导作用。

4.4 开放与管理

将公园古建中的开放与管理列题在遗址复建中来论述，是因为原有古建多半经过多年开放游览，大都形成相对固定的模式，而遗址复建工程，在立项之时就需要着手建成之后的使用方向的确定。

公园古建遗址复建多为全园的局部，开放管理都要考虑与全园总体开放管理的关系，要设定游览路线与全园游览线的衔接与互补的关系。

颐和园苏州街复建是 20 世纪 80 ~ 90 年代之间的事，当初选中这个项目的主要原因之一，便是万寿山前山长廊一线游人集中，形成拥挤现象，既不利于游览观赏，又不利于古建文物的保护，而万寿山后山后湖一带游人罕至。复建开发苏州街遗址景区，不但分散了游人在园内的分布，而且有利于长廊一线的古建文物保护。为了引导游人向后山景区转移、逗留，平衡单位时间内景区游人密度，缓释拥挤压力，苏州街复建后景观效果和街内丰富多彩、极具特色的活动安排、服务模式，都起到了明显的作用。

公园古建复建后的使用方向，仍以古建的原有属性为依据，也要以建筑物所能提供的空间模式来设定。有陈设原状档案文献资料可查考，又具备条件能够征集到原来陈放物的，当然最为理想。但是，出于安全和文物保护的考虑，复建古建内的陈设多采用复制品或者全新的陈设布置内容，也不失是一种可行的方案。例如靠近门区的殿座，可作为游客服务中心、作为贵宾接待室、园史陈列室，或临时举办各种园林文化相关展览的场所。

复建的古建筑，如处在园内的重要地位或轴线之上，又与相关历史事件、历史人物有着直接的联系，具有纪念意义，开放的首选内容，应是历史事件与历史人物的纪念馆、陈列馆，供游人参观瞻仰，融入园内的文化内涵领域。

复建的古建是宗教寺庙殿堂，又区别于一般的开放模式。经相关部门同意，恢复殿堂原来陈设布置，应尽量符合原来教派的规制，以佛教为例，应尽可能地按原有宗派的仪轨如法去布置。北方的皇家园林中，佛寺多崇尚藏传佛教，其中不少是属于藏传密宗部分，当初于乾隆始建时，均由国师章嘉活佛主持陈设布置，有的虽有陈设档存留，但原有实物早经散失，是甚难恢复原状和不易达到教义初衷和本意的。

复建公园古建的目的意义在于开放，并突出其历史文化价值，更多的价值是追求体现全园的完整性，还原造园全盛期的景观面貌。因此，复建古建不单是单一的古建工程、园林环境、绿化植被的恢复完善，也是立项的重要内容。有的古建复建主体，还是以树木为主题的，如颐和园苏州街中的嘉荫轩。乾隆始建之初，嘉荫轩基址上原有三株古槐，荫浓可人，便在树旁建轩，并取名嘉荫轩。复建时古槐已经不存，但嘉荫轩遗址布局清晰，平面作不规则的曲折退让，可以推断出当初古树的大概立根位置，嘉荫轩建成后，补种了较大规格的国槐。20年过去，新种槐树荫浓可赏，建筑和槐树之间关系充分体现出来，嘉荫轩名副其实。在历史名园中，这样的例子不在少数，所以公园中的古建遗址复建，离不开绿化植被环境的依存关系，在开放管理中是要认真对待的。

公园是有级别的文保单位，复建的古建如何对待，是否也是文物，如何管理。这个问题虽未见明文规定，个人理解，它已是全园的组成部分，是历史名园的历史延续，应与其他园中原有古建一视同仁，进入管理保护序列。再说新的建构，处于遗址之上，当初划定保护级别，应是含有遗址这些因素的，复建也是以遗址为依据的，古人的重建翻建，可以被认可，我们的重建活动也是要写入园史的，客观准确记录复建过程，保存规划设计图纸，以备后人查考，是我们应有的责任。

第 5 章　古建维修的重点问题

5.1　建筑材料

建筑材料是古建维修中所必然遇到的问题，从建筑史的角度考量，建筑材料曾经影响过中国建筑发展的多个层面，如木材，它曾经影响过建筑的尺度、开间、高度和相关工艺，甚至建筑的品质。明代以后，楠木资源断缺，清代康熙以来，取用长白山的黄花松，因木质易干裂，且尺度不够，施工须拼接等因素，相应出现了披麻挂灰的装饰工艺。原来留存的楠木殿、堂、厅、榭成为古代建筑中的珍品。在南北开放的不少历史名园公园中，均以拥有楠木建筑而引以为荣耀。

除木材以外，石材、砖瓦琉璃构件均能反映出建筑物的时代、地域特征和建筑物等级。油漆颜料、灰浆涂料又直接决定建筑色彩和品味风貌。总之，建筑材料的选取、烧制、调配是古建修缮中遵守不改变原状原则的必备条件。在古建维修项目中，根据维修方案备料是前提，几乎等于古代战争中的粮草，兵马未动粮草先行。古代皇家建筑的维修往往要常年贮存一定规格的大型木料备做维修时取用，取用时还要经过皇帝的批准。这里引用北宋初年宋太祖赵匡胤的一则故事。事因宫中寝殿的梁损坏，需要更换，负责工程的部门奏闻皇帝请用一条“模枋”截用。“模枋”是宫中库存的巨型木料，其尺寸为卧于地面，两旁的人相互不能看见，只可举手摸到材面，材径在 2m 以上。皇帝的批示是：“截你爷头，截你娘头，别寻进来。”几乎是以骂街的口吻，不许取用。到宋仁宗时，对取用木材更立下敕旨：“敢以大截小，长截短，并以违制论”是要治重罪的。清代有神木厂，据记载，骑在马上的官吏，立于木材两旁也是相互不能看见的。

至今，古建维修，发包施工队时，有包工、包料和包清工两种不同模式。但具有相当规格和相当数量木材，仍是开工的先决条件。1960 年代翻修天安门时，木材从非洲进口。21 世纪初，北京复建永定门时，能否筹备到一定数量和规格的木材曾是招投标过程中的条件。

关于石材，在古建维修中，为了添配应该寻找原有材料矿脉的坑口，如汉白玉出于北京房山。现存清代档案中，均写作旱白玉，是相对水坑的水白玉而言，近代才改作汉白玉。汉白玉虽材质洁白，品质较高，但在皇家园林中，也不全用这种材料，更多使用青白石、艾叶青。须知为了得景的需要，过分突出的白色，从视觉上会拉近空间距离感，如颐和园昆明湖北岸的石栏杆率用青白石，才使湖面更显得开阔。有的园林添置了汉白玉栏杆反倒减弱了景物的纵深感，既不符合“不改变原状”的原则，又达不到景观的原有效果。同时，不断有新的石材资源出现，现代交通运输又十分便捷，取用远地石材已是不难做到的事。但在修缮过程中，尽量配用原来产地材质或近似色相的材质是园林建筑维修中应予重视的问题。原创石材的选择自有在造景得景运筹中的考量，并非随意而为，不能因汉白玉显得高贵、财力充足就随意更改，金子虽然贵重，但取代不了青铜的效果。清代皇家园林有一条自乾隆时的规定，园内除佛殿寺庙外，一律不得使用琉璃瓦，并非完全出于节约，而是有着园林环境和氛围的识见。这在清代留存的皇家园林中可随处体验到，在清代留存的皇家园林的绘画中也是能感觉到。

关于砖瓦构件，也是现存历史名园修缮中必备常用的建筑材料。不同历史时期和不同地域的砖瓦构件，其型号大小、纹样甚少雷同，使用部位和功能也大有讲究。许多异型、专用、特别的砖瓦构件所用数量不大，往往一座建筑只有一件（如宝顶），两件（如吻兽、云冠），四件（如单檐子角梁的套兽）等，却是修缮中最常见的添配或更新的构件。这些砖瓦构件均为雕造或模压成型，并有型号规定，在琉璃活和黑活中均有出现。在修缮工程中是经常碰到的定烧、定制材料，必须严格把关，由专项、专人负责监造看样筛选。

在一个相当时期内，油漆涂料普遍使用酚醛化学油漆代替，而金箔由铜箔代替，好在这种现象已经遏止，恢复熬油调色工艺，但桐油的质量需要严格把关，据说有掺入菜籽油的现象。至于油漆传统工艺中所使用的猪血料，也因饲料、宰杀等原因质量有所改变。虽是工地施工人员的反映，却是值得注意观察的问题。在彩绘中颜料的来源和品质就显得更为突出，特别是在北方皇家园林的修缮中，能否耐久保持原有建筑色彩效果是一个根本的条件。

5.2 工艺传承

以鲁班为祖师爷的古建营造行业绵延数千年，所形成的中国建筑体系，退出历史舞台的主流地位约近一百年。但留存在中华大地上的古代建筑特别是颁定的重点保护古建筑群和古建筑，何止万计，它们需要得到古代建筑工艺的维修保护，关键在于“匠”。匠这个名词，古代专指木匠，“匠”，就是木工，后来将具有专门手艺的人也称为匠，但前面一般冠以工种的特指材料和工艺，如“石匠”、“铁匠”、“画匠”、“油漆匠”、“山石匠”等等。在木匠行内又分出“旋匠”、“锯匠”、“雕花匠”、“细木匠”种种行当。以上所举匠行都和园林古建维修有着直接的关系，是维修工程中不可或缺的工种。

近百年以来，当中国古代建筑，成为历史研究对象以后，形成学科走进高等教育的课堂，培养了不少精通建筑史，洞晓“法式”、“则例”的高学位人才；同时在古建领域内，具有设计绘图工程师资格的，也大有人在。但工匠的传承，由于实践机会和社会需求，相对显得寂寞和不被重视，甚至忽略了在过去以匠师为主体行业内的地位要素的手艺传承。

在物质遗产受到充分重视的同时，未能相应地将赖以维修保护为主体手段的非物质遗产纳入研究和保护的对象。仅存不多的古建专业队伍，又受到一般建筑市场的同化和竞争，妨碍了古建工艺的传承走进良性循环的道路。

以师傅带徒弟手把手、口耳相传的工艺传承方法，难以适应古建保护维修的发展趋势，但汲取其中合理的、有效的成分，加以理论化、系统化和规律化的研究，造就一种科学的传承模式，来抢救和恢复行将失传或已经失传的工艺是当务之急。另一方面，古代建筑在不断地老化过程之中，新的问题仍会不断出现，对待这些问题的对策，就是需要不断丰富对待遗产从理念到实践的新高度和新认识理念的形成，应该充分考虑古代建筑持续发展永续利用的方向，中国古代木结构建筑存在千年以上的实物留存不在两位数以下，而公园中的古建筑大都是明清所构建，有的只有百年以往，岁月的叠加不但使这些建筑的历史价值在递升，而且增加了对之维护的难度和投入。传统工艺是伴随传统遗产共进的不可或缺的元素，在形成、引进、弘扬、运用物质遗产的理念时，千万别忘却了非物质传统工艺的保护，包括理论和实践，也包括制度和政策的支撑。

图 5.2-1 1954 年 9 月颐和园佛香阁建园后第一次大修竣工合影。这张老照片是对当时北京古建行业数以百计老一代能工巧匠极其珍贵的记忆和怀念

5.3 山石维修与堆叠

在园林学科中，对中国园林要素的论述都将叠山列为最具特色的首要元素，只是有的称为叠石，有的称为叠山，有的就称为山石艺术，并将从事这个工种的匠师称为山石匠，民间将这种人工堆叠的山景，通称为假山。

中国园林艺术中山石堆叠，至少在唐代已臻成熟，唐代园林有专门的山池院这个品类，唐代著名诗人白居易，不但写过关于太湖石的诗，而且构筑池台于洛阳履道坊，将任苏州刺史时所得到的太湖石设置园中。但现存唐代以前的假山和可以考定的山石已没有实物留存，有蛛丝马迹可寻的最早实物为宋代开封艮岳的山石，堆叠在北京北海的琼华岛上和元代狮子林原构的局部指认，更多的则是明清时的作品，尤其是清代的遗构。可考突出的专业山石匠师，有宋代的俞澂、清代的张琏、张然父子与戈裕良、仇好古、董道士等，画家兼事山石创作的，突出的有米芾、石涛等，前者是狮子林的始作俑者，后者是扬州片石山房的创作者，所以片石山房被誉为石涛山石的人间孤本。这里要着重说一下张琏父子的传承与张然在清代北京皇家内廷供奉 30 年中，曾参与畅春园等皇家园林的山石堆叠与策划，是沟通山石南北技艺的重要人物，在园林史上有着突出的地位。

在作为公园开放的历史名园中，不少是以山石作为园中精品而闻名于世的，如苏州有环秀山庄、狮子林，扬州有小盘谷、个园四季假山和何园内的片石山房，上海愚园内的大假山，南京瞻园假山等。北方的皇家园林中虽以金碧彩绘的建筑为其特色，但山石精品却无园不在。现存的有北海静心斋的假山，承德外八庙殊象寺后部的假山，紫禁城内乾隆花园中的假山，均个性突出，是具北方雄健之气的代表作品。北海琼华岛以艮岳石为标志，有许多内石外土的山石洞穴表现，内部通连规模很大，非皇家财力物力，难以实现。上述山石作品，皆有二三百年以上的历史，在建筑物保护维修中，假山的维护是一项特殊而具有相当难度的工程。

在园林的构筑物中，殿堂厅榭均可落架大修复原，甚至可以拆卸易地原样重建，也可根据遗址复建，惟有叠石假山是难以实现的，即使拆卸时将山石编号，依次堆叠，也极难与原样一模一样。虽然三五块的小品尚有可能，两三块归安也能做到。记得 20 世纪 70 年代，静心斋仍为中央文史馆占用，尚未回归北海公园统一管理开放，曾陪同单士元先生前往参观，正值园内有局部假山被拆卸维修，面对满地的石块，一向温和的单老，却跺足发火，无可奈何，事后多年单老仍耿耿于怀，引以为憾，足见山石之维护不能轻视。须知同样的石头，可以堆出不同境界与形象的山，原来的石头也甚难堆出原样的山，好在古人叠山，研究“工”和“艺”，这个“工”便是稳固与牢固。拼接缝隙，不同流派有不同的手法，比如山洞顶部可用条石封盖，而戈裕良可用山石券成，而更加写实。同样达到能以受力，继续往高处叠加峰峦和承托山顶的点景建筑。

但是山石的维护，经常遇到的问题是山石表层风化、酥碱，在北方的黄石山和青石云片山经常出现此类问题，不但影响景观，更严重的是造成位移，甚至脱落伤人。出现这样险情的假山，应禁止游人攀登，甚至防止游人靠近。颐和园南湖岛上的土石山体，本来内部为中空山道，可以从山内登入山顶的主建筑涵虚堂，但这条颇具趣味的游览通道，从未对游人开放，早已将入口封砌。对山石安全的检查，是公园管理工作中的一个重要环节，不能放过微细的松动与险情，随时采取措施加固和防范。

制定山石维修方案的另一方面应按照“尽少干预”的原则，不能以现代审美观去任意改动。现存古代山石作品均具有地域和时代的特征，也与所在园林的整体协调统一，忽略了这些特点，而追求别样的境界与情趣，哪怕是经典的照搬也既不符合保护遗产的法规和难以达到预期的效果。在山石维修和保护中有很好的先例，在刘敦桢先生指导下的瞻园假山维修就是极好的证明，已剩孤峰独峙的片石山房，构图上经过精心运作，从研究石涛存世画作的个性风格入手，解析其峰、峦、屿、岫山水元素的结构章法，若即若离添加配置，也具有天衣无缝的效果。

值得注意的是，时下以山石吨位为计价工程费用，体量追求高大，如掌握不好，易失去叠石审美趣旨，应视为弊端。

5.4 建筑彩画

建筑彩画是处理建筑色彩和装饰的一种特殊工艺，是建筑形象表层的重要因素，同时它还具有保护建筑木构件的防护功能。在北方的园林古建中，室外室内均有分布，尤其外檐彩画，虽处于檐下，易受到风侵、日照、雨蚀的影响，造成褪色、开裂，甚至斑驳脱落，均是难以避免的病害，有些彩绘 20 年左右就显得陈旧、失去光彩，严重影响园容，所以在公园的古建维修保护中彩画的修缮是首当其冲的工程项目。

公园中古建彩画的品类很多，在皇家园林中显得尤其突出。如和玺、旋子、苏画，再细分还有种种各目，如和玺中有金龙和玺、龙凤和玺、五彩和玺等，旋子彩画中有大点金、小点金、雅伍墨、雄黄玉等，苏画中有包袱、枋心、掐箍头等等区分。总之，古建彩画在我们所能见到的原创和重绘的作品中，选用的彩画品类形式是和建筑功能相匹配的，当然也是和建筑构架相适应的。

从现存原创彩画的实物、老照片和档案文献中所显示的情况看，彩画是有等级的，一般说和玺彩画等级最高，多用于正殿和庙堂；旋子彩画其次，用于次要的配殿和相应级别的寺庙等处；苏画却是以其构图的繁简、用金的多少，能以对应不同级别的建筑，在皇家园林中，除正殿和寺庙的主要殿阁佛楼外，运用最为普遍。

彩画由于种类多，构图随梁架设计且纹样繁杂，每一个组成局部，甚至每一个纹样、每一笔线脚都有专门的名称，所以彩画在古建中是术语最多的一个艺术工种，掌握传承有极高的难度。在现代的城市新建公园和仿建的古街内或现代建筑中出现仿古局部，由于不一定严格按照文物古建的要求，彩画的使用从等级和构图都极其随意，绘制也十分粗略。古建彩画在流变的过程中，多少会影响公园中文物古建彩画的质量标准。以下重点介绍公园保护维修中，关于建筑彩画存在的问题，特别是苏式彩画在公园古建中，维修、翻新、重绘中的问题。

彩画保护维修中的根本问题是工和料，其次才是方案与论证，不是说方案论证不重要，而是再好的符合程序审批的方案，没有能胜任的施工队伍和足够符合质量要求的材料，是难以进入施工程序的。

在上举的几种彩画品类中和玺及旋子彩画的构图，相对程式规范可套用，沿用的纹样元素较多，只要按历史原样忠实原来构图分割画面起“谱子”，并严格按照工艺流程，绘制工艺到位，沥粉贴金技艺讲究是不难达到方案要求的。但苏画就不一样，偏偏苏画在园林中运用最多，在皇家园林中，有的帝后居住的寝殿也使用苏画装饰，在廊亭桥屋中，也采用这种样式。

苏式彩画是公园中园林古建习用最多的彩画形式，以颐和园长廊彩画为例，仅绘于包袱内的彩画就超过 8000 幅，加上穿插其间的聚锦和枋心有 20000 之多开光是独立构图的画面，这些不能重复的画面，被嵌置在枋梁满地的图案色彩和金线或片金之中，典丽辉灿，洋洋大观，所以长廊又称之为画廊，是颐和园中知名度最高的景点。

长廊始建于 260 年前的乾隆时代，曾毁于 1860 年英法联军的火焚，19 世纪末，光绪时重建，但廊中彩画曾经 1940 年代的重绘和 1959 年、1978 年的两次再重绘制，现状是 1978 年在 1959 年的构图样式基础上重绘面貌。但其中包袱画已改变了原来的工艺，由现场绘制，变为纸本预制，裱糊在梁架的内外檐上，工艺改变的原因是原来参加 1959 绘制的画工年事已高，不复能以登架操作，年青画工还不能完全胜任所致。这种现象的造成，是因为 20 年间，彩画的传承未能得到重视，特别是十年动乱期间，种种因素的干扰，年轻人择业时对此类行业的前景失去信心，像长廊彩画这样作为古建主体的实践，机会极少，几十年才遇到一次，早已超出从学艺到实践成熟的周期，不但工种人才稀缺，而且对彩画研究在古建筑的研究中也处于被忽略的部分，传承更难在课堂教学上实现。至今，出于有经验老工匠笔下的彩画专著，对于规律性强、图案成分高的和玺、旋子彩画的论述比较到位，见解趋于统一。而苏式彩画的论述相对薄弱，且门户之见成为主导。从 1988～2008 年，20 年过去，长廊彩画本应在颐和园迎奥运的大修中，再次重绘，但几经论证最后采用了在现状基础上，局部修复见新的方案，这个决定，固然有遗产保护理念和文物法规的因素。但根本还在于对彩画工种技术水平和艺术水平现状的考量。这个问题是长廊彩画重绘方案论证时的焦点。

客观地说，彩画作为建筑艺术的组成部分，是和建筑雕刻一样，有着更高的艺术含量，可视为艺术创作。老一辈工匠说，在过去的建筑行业内，只有画工被称为“先生”，工地上开饭，第一碗饭也会端送给先生，受到尊敬。既是艺术创作它必然有时代性、地域性及流派的产生。苏画别于、难于和玺、旋子的地方，在于有包袱、枋心、聚锦、盒子、池子，这样一些在图案底色上开光的画面。这些开光画面内有人物、山水、花鸟、线法等自成构图的立意和主题的画作，它区别于一般中国画的地方在于画幅形状的多变和周边由图案装饰来圈廓围合，类似于中国画中的折扇和团扇的构图创作。从理论上说，苏画的制作可以分解为图案部分和绘画部分，时下掌握人物、山水、花鸟的中国画家人数很多，但隔行如隔山，苏式彩画的工艺性区别于一般绘画所追求的境界和效果，它的最高境界是传达创作的匠心和匠意，并强调观赏者的趣味和趣旨的获得，比如绘于枋梁底部的鱼鸟，抬头看到的是鱼鸟的腹部。已故，堪称苏画大师的李质彬，生前供职于北京园林古建公司，曾是 1959 和 1998 长廊彩画，人物画创作的主力，最近谐趣园大修，他所作的几十幅人物彩画包括廊心和迎风板彩画，均得到了妥善保留，他的画风与光绪时著名人物画家钱慧安十分相近，契合了颐和园光绪年间的时代风貌。但将钱慧安的作品与他的彩画相对比较，钱更追求笔墨意境，而李则强调运笔的力度和眼神的表达。这种差异是因为彩画均处高于两三米以上的部位，由远处观赏，不像一般绘画能在近处赏玩，彩画不强调笔触和眼神是难以达到预期效果的。

重点问题还在于时代特色和地域风貌。一般说，公园中的建筑彩画多出现在北方地区，苏画自传入北方后，相同时期的苏画在北方皇家建筑上的后续突变和发展并未对江南一带彩画产生多大影响，至少没有见到过实物留存，反倒是在古建中能以见到的彩绘多是早期的原物。另一种情况是近现代在维修和复建过程中的引入和仿制，甚至是聘用北方的画工完成。在北方，由于苏画外檐部分，易于老旧，更新周期相对较短，在康乾以来的二三百年间变化也大，形成一定的时代特色和风貌。在北方历史名园中苏式彩画的修缮，保持历史风貌成为前提，依据现状或恢复某个历史阶段的选择成为论证和制定方案的焦点，关键是依据。在另一些公园中，古建筑或仿古建筑，应考证彩画的始绘年代、更新年代，依法作出抉择，对地域特色较鲜明的历史园林建筑后加彩绘，反而妨碍了园林特色的表现，并不符合“不改历史原状的规定”。

第6章　值得思考与讨论的问题

公园古建维修保护问题，属于文物保护工程。从法规的视角审视是有法可依的工程实践，但对待具体维修的对象又往往是“仁者见仁，智者见智”。在做法上手法上产生观念上的歧义，如一个长期流传的口号“修旧如旧”在20世纪末，就遇到了不同的看法。

6.1　“修旧如旧”

“修旧如旧”的提法，出现在20世纪的50年代，这个提法的最早出现，应是权威专家对某些古建维修中整旧如新，过量使用和更换新置构件或者在色彩上过于明艳而产生的概括性、方向性的归纳意见。在此后的古建维修过程中，不但作为施工过程中的箴条，而且成为维修工程结束对外宣传时的一个标准。其实，在现行的文物法规中并无“修旧如旧”的字样。文化部于1986年7月12日所颁行的《纪念建筑、古建筑、石窟寺等修缮工程管理办法》中第三条确有“应严格遵守不改变原状原则”并对“不改变原状”的“原状”做了“系指始建或历代重修、重建的原状”的解释。一座百年以上的古代建筑，往往在它建成以后，要经过重修、重建的过程，这就要在制定修缮方案时确定修复到哪个时代的原状。“修旧如旧”由于太原则，或被以为古建的现状破旧即为原状。中国古代重修、重建并不遵循“修旧如旧”的理念。特别是重建，滕王阁、黄鹤楼现有绘画照片资料可寻的，皆非原建时代样式，而存在不同时代的版本。20世纪80年代轰动一时的因倒塌而需复建的法门寺塔，在方案的选取过程中，即产生恢复唐代始建风格，还是倒塌前明代重建样式的两种意见，最后依法实施了倒塌明塔的原样复建。

对中国古代建筑，进行科学理性的研究分析，起始于近现代的20世纪初，当时许多具有代表性、标志性的建筑都和社会经济凋敝一样，年久失修，形象破败，连刚刚退出历史舞台帝王家的宫殿、苑囿也不例外，显示着别样的沧桑感和容易勾起怀旧情愫的包括建筑环境在内的破败景象。这从以《旧都文物略》为代表的当时的出版物和外国摄影师当时拍摄的大量老照片中，能以充分体现。中国古代建筑就以这样的形象融入当时的社会生活之中，同时被有识之士和研究者发现它们无与伦比的价值。1929年，在曾任北洋政府代国务总理的朱启钤先生的倡导下成立中国营造学社，对中国古代建筑的法式和文献进行系统的收集整理研究，并援引传自西方的考察测绘手段，对中国古代建筑遗存做出科学的诠释，撰写发表了一大批堪称经典的论文和著作，对中外学界产生深远的影响，开创了对中国古代建筑认知评价和研究的全新局面。

也正是在这个历史转型的期间，中断了以皇家工程为主导的，运用传统建筑形式、建筑工艺、建筑材料的大型始建营造活动。重建于19世纪末的皇家园林颐和园，不但成为中国造园史上的最后一座皇家苑囿，也是中国古代建筑史的最后一座丰碑。此后，即使有传统建筑形式的公共营造工程发生，但不完全使用传统的材料也就不完全是传统的工艺流程和技艺。古建筑的保护维修，却是这些传统工艺得以施展的机遇，而真正具有规模的维修工程实践却发生在1949年新中国成立以后，“修旧如旧”的原则便应运而生。对这个原则理解的关键不在于“修旧”，而在于“如旧”。以园林中的古建而言，建筑物的周边环境大都存在优美的植物景观，春花秋叶，常青常绿，特别是北方的皇家园林中的殿堂楼阁，以金碧辉煌为其原貌，将“如旧”理解定格在暗淡衰败的建筑景象之中，并非“修旧如旧”的本意。其实，颐和园中的佛香阁，在20世纪的50年代大修时已经焕然一新，21

世纪奥运之前，也经大修彩绘、贴金、光彩可鉴。均得到业内外专家和行政执法部门的认可。这个社会效益的获得，完全是严格遵守了“不改变原状”的原则。

相对于“修旧如旧”的提法，有的还提出过在此四字基础上的调整，如“修旧如故”、“修旧如初”等等，总是要避开“修旧如新”的嫌疑，问题还是在四个字的最后一个“旧”字的理解上。比如有的公园中的镜面白粉墙，由于年久、雨渍、风裂，甚至表皮脱落露出砖来，你是修与不修，也成为一个需要专家论证的问题。问题也得说回来，假如这段粉墙是遗址发掘出土的遗物，遗址的历史科学价值又很高，却是要考虑“保”和研究展示的问题，并要使用科技手段，固定其出土原状，而不是修的问题。费一点笔墨说这样一个例子，是因为在一次历史名园的论坛上，真的有参加会议的代表提出这样一个实例照片，请大家发表意见。当时笔者在场，并未表态，但是想起传为徐青藤自况的一副对联：“几间东倒西歪屋，一个南腔北调人。”若以绘画来表现这个境界或许将画面中的居室，描绘破败为好，若要对待他的故居，则应该在原状的基础上加以修缮维护，才是正当的选择。反之，皇家园林的金碧辉煌，私家园林的精工婉约，却是进行保护维修所追求的效果。公园中古代建筑，作为文物保护是动态的过程，这次维修不需要更换部件，不避免在以后的维修中，继续能够保留；这次维修下架地仗可以不砍，不等于下一轮大修时披麻挂灰的地仗就要重新做过。所谓“永续利用”的过程，是一个发展的过程，或者“如故”、“如初”更能概括和诠释表述古建保护维修的宗旨。但和“修旧如旧”一样，它们至今都不是法规的条款内容。

6.2　复建与仿古

复建与仿古，在历史名园转化的公园中均有出现和发生的可能，在新建的公园中也可能出现。仿古建筑，多出现在公园的服务设施建筑上，如售票房、厕所、餐厅和局部的点景建筑，有的在公园牌示、围栏、灯具，甚至果皮箱的设计中也引进许多古建筑的元素。这样做有两种目的，一是取得与全园风格的和谐统一，二是在新建公园中更多的是烘托古代园林的布局和园林古建的风貌意境。复建若在新建公园中出现，则大多是易地复建，即一些必须拆除的古代建筑在历史名园或新建公园中，以原构件择地复建再现原貌。在全国各地的园林中皆有发生。从保护文物的角度考量，这是易地保护的手段。如北京顺承郡王府，于 1994 年政协礼堂扩建时，被整体搬迁至新建的朝阳公园内。而陶然亭公园内的清音阁，云绘楼和天坛公园内的双环亭、方胜亭、扇面亭连同游廊、垂花门一组园林古建，均迁建自中南海内，就连颐和园内凤凰墩上的点景四方亭也是 1950 年代移建自城中的宅邸。这些都是用原构件，原状的易地复建，事前要拍照、测绘、构件要编号运输。当然原有构件有添配和更新的可能，属于古建复建范畴，但不同于前面介绍过的在遗址原地复建的情况，应该称之为挪建。

这种挪建除了是文物保护的一种手段，能取得易地保护的效果外，而且在挪建开始时的落架拆卸工序，对工程技术人员和施工队伍是一个最彻底了解古建结构的机会，能从细部理解和剖析榫卯的交结关系。当下，城市改造拆迁工程方兴未艾，一些值得保留而又碍于规划的古建，能重现在公园之中应是一种善举，它既可保存城市的记忆，又为公园的文化内涵增添风采，何乐而不为。值得注意的是，公园在接纳这些搬迁古建时要根据公园自身规划，做出适当选址。有条件的，另辟一区，自成景点或组入全园景观之中，并在搬迁方案中做出使用方向。当然，这种古建的易地保护，城市公园并非惟一的选择。可以从前人所树立的碑林得到启发，做得好的，本身就是历史的延续，是载入历史的德行、德政。

公园中的仿古建筑，运用比较普遍，像西安大唐芙蓉园那样规模宏大的仿古园林，利用千年以往历史名园地形水系的部分历史空间，彰显盛唐文化的辉煌灿烂。除了平面布局历史风貌的追求以外，其中八万多平方米的殿、阁、楼、台，雕栏飞甍的仿唐建筑，是彰显大唐风韵的主导元素。颇具规模的大唐芙蓉园的出现，是西安地区多年来仿唐建筑运用实践的一个硕果。

仿古与复建的区别，在于仿古不一定符合文物遗产的规定要求，但它一定要经得起历史文化风范、风貌的推敲，这是一座仿古建筑品味与成败的衡量标准。特别是具有纪念意义的，对于历史事件和历史人物具有崇敬与瞻仰功能的内涵底蕴。由梁思成先生于 1960 年代规划设计扬州大明寺的鉴真纪念堂，由于特定的鉴真东渡历史事件的特定历史时期和现仍存在日本奈良唐招提寺内的金堂，纪念堂的方案是一座严格意义上的唐代兼顾日本天平时代，建筑风貌的仿古建筑。遗憾的是，这座纪念建筑的施工建设，已是梁思成先生逝世以后。忠实于原方案的施工设计和建成实物，仍然表达了原创方案的立意内核和弘扬这一中外文化交流史实的目标，也为瘦西湖蜀冈风景名胜区增添了以仿古建筑形象塑造的一处人文景观精品。

在纪念性的建筑创意中选择仿古，突出时代历史文化风貌。公园中的仿古建筑多是完善的服务设施，而采用古建形式，为取得在历史园林内的建筑风格相协调，小到售票亭、售货亭，大到餐厅、公厕、游人服务中心，在后勤服务区，管理办公场所、配电室、管理人员休息室，甚至依据规划开辟新的景区景点。

北京中山公园，为了适应和完善自皇家坛庙转变为公园功能日益增长的需求。自 1912 年至今，不但将原礼部习礼亭挪建园内保护展示，而且以仿古的建筑形式，增建了水榭、唐花坞和外国古典样式的格言亭和露天剧场。自 1970 年代，又规划新建了门区内的长廊，为展出园内的宫廷养鱼新建了愉园，为展出园中特色花卉兰花兴建了蕙芳园、兰花室。改革开放后，又于西部征地规划建设了自成景区的来今雨轩餐厅，融进了楼台廊轩山石水池等，园林古建元素。由于社稷坛是全国重点文物保护单位，这些新建的仿古建筑在选址和尺度上均要取得文物部门的同意，并在建筑形制上有更多的推敲，能获得社会各界的认可。

仿古建筑，区别于复建还在于，在使用材质上有较大的宽容度，采用古建的梁架形式，但大木构架往往用钢筋水泥浇灌代替。建于光绪御膳房旧基上的颐和园文昌院博物馆，便是用新型材料为主体结构所建成的，但石料瓦件、砖构和外部装修油饰彩绘，均使用传统材料和传统工艺，从外部看是很难分辨的。

复建与仿古是两个不同的概念，复建最后所实施的方案应该是最符合历史原状的方案，这只是在所有行政、工程、规划设计，专家学者所参与的最终决策方案，并非所有的人都参与了的方案，难免产生质疑，参与建设者也会寻找出遗憾之处。仿古相对要轻松一些，这只是仿古而已，或许就是所有参与建设者的一个创造。一个对历史文化的相对范围之内的诠释和了解。作为文化行为，它仍然有高下之分或者雅俗之分，一旦形成，它会传留相当的时段，成为园林建设的历史延续，是要经受检验与评说的。

关于仿古现象，并不独指对古代建筑的模仿，书画、青铜器、瓷器、玉器皆可仿古，皆有仿制水平的高下优劣之分，仿得好的就可以乱真。拿书画艺术的仿古来说，有一种仿古绘画，被称之为“行（háng）活”是鉴赏家不屑一顾的赝品。这种常见于旧货市场或旅游景点市场的作品价格低廉，可以批量生产，问题出在这种行活，有时还临摹自名家名作，构图布局、用笔用色也具有一定法度，但不能传达原作的意境和所显示的艺术水平。对于仿古建筑而言，也有这样的分野，比例尺度同样依据一个历史时期的模式，但并不能体现那个时代的风韵和气质。这里除掉因工艺水平的因素以外，因建筑空间位置环境的不同也有着很大的影响。

公园中的仿古建筑并不在于乱真，而是在满足功能需求前提下的，重在环境协调的添建、改建和扩建，它必须符合全园的规划布局，并具有园林景观效果。从功能角度衡量是雪中送炭，从景观角度衡量是锦上添花，但决不能出现画蛇添足或狗尾续貂的局面。

前面提到仿古建筑，可以使用现代建筑材料。实际仿古建筑的现代版本，许多只是运用古建元素的写意建筑，并融进更多的现代建筑功能和结构，大体形似而已，从严格的意义上分析，不是本篇章中所说的“仿古”，这种仿古在历史名园中构建出现，是要慎重对待的。

第 7 章　公园古建修缮实例

7.1　天坛神乐署修复与保护

20 世纪末，在游人如织的天坛，西二门南的随坛墙上有一扇锈迹斑斑的大铁门终日紧锁，门那边与斋宫隔墙相邻的地方有一个安静的院落，人迹罕至。推开吱吱作响的铁门，在一条长满蒿草的土路尽头，一座四壁斑驳、破败不堪的古代建筑群落颓废地矗立在那里，与祈年殿、回音壁等处的光鲜热闹形成鲜明对比。那就是明清时期曾经辉煌繁华过的天坛五大建筑群之一 ——神乐署的署院。

神乐署位于天坛外坛西南侧，是天坛现存主要建筑群之一，占地面积近 10000m^2。历史上的神乐署建筑群，规模极大，院落众多，各种房舍数百间，鼎盛时期总占地面积近 10 万 m^2。但是经过历史、战乱的侵蚀，大部分院落已经湮没无存，只剩下中心署衙——神乐署仍然巍然伫立。神乐署单独成院，即便避过了很多劫难，到 20 世纪末也已是千疮百孔、颓败不堪，并且长期被外单位占用，可谓阅尽沧桑。

作为明清时期皇家最高乐舞学府，神乐署设专门机构和专职人员对祭天乐舞生进行培养和训练，鼎盛时期署内有乐舞生 3000 多人。北京各坛庙祭祀的乐舞生都是由神乐署生员中选拔充任。当举行国家大典时，所有参加典礼人员均须事前至神乐署进行培训和演练。

神乐署承载着历史、建筑、艺术等诸多文化信息，具有极高的文物价值和研究价值，是天坛文化的重要组成部分，在天坛的历史上占据着重要的地位，与祈谷坛、圜丘坛、斋宫、牺牲所（现已无存）并称为天坛五大建筑群。

作为天坛最早兴建的建筑群之一，神乐署建成已有 590 年的历史。然而说它古老却又年轻，21 世纪初它终于结束了长期被外单位占用的沧桑历史，古建回收并原貌修复，重新焕发了青春的神采。2005 年元月，完成了署院修缮工程的神乐署，陈设为中国古代皇家音乐展馆向公众开放，以新的功能重新展现自己的价值。

2006 年年底“天坛神乐署中和韶乐”成为北京市级非物质文化遗产，进一步丰富和提升了天坛的整体文化价值。“中和韶乐”是一种集礼、乐、歌、舞为一体，在明清天坛祭祀大典中演奏的皇家祭祀音乐。神乐署作为明清时期演练皇家祭祀乐舞的场所，是“中和韶乐”这一非物质文化遗产的重要载体。保护好这座古建筑群，也是传承这一“非遗”的重要基础。

神乐署的回收、修复、保护和利用以及非物质文化遗产传承的过程，就是一部古代建筑现代保护利用的典型教科书。

7.1.1 兴盛

神乐署始建于明永乐十八年（1420 年），初名神乐观。

明初朱元璋建都南京，在南京郊祀坛西就建有神乐观，掌管祭祀乐舞，洪武十二年（1379 年）建成。之所以叫“观”，与用道士道童演习祭祀乐舞有直接关系。朱元璋迷信道教，深信道士的孤处生活能与神通，故而将道士参与祭祀定为祖制。

后明成祖朱棣迁都北京，在京城一体化建设中“惟易天坛为天地坛，余悉复洪武间制”，永乐十八年（1420 年）在天地坛（现祈谷坛前身）主要建筑大祀殿以西，仿洪武南京旧制建神乐观。观中设有太和殿、玄武殿、天师府、关帝庙、三圣庙等建筑，由道教正一派主持，演习乐舞，以备祭祀之需。此时的神乐观位于天地坛坛墙之外西南，明嘉靖三十二年（1553 年）后天坛增辟了外坛墙，才被围入天坛外坛之内。原南京神乐观道士乐舞生 300 名也随同迁都迁来北京神乐观。

明代中后叶对祭祀典礼并不十分重视，监督也不严格。这样一来，以道士充任的乐舞生不仅疏于乐律，还为生计，热衷于民间祈禳活动，并在观内栽花、开肆用来吸引香客、供人休憩，甚至在署衙周边自建房屋开店、出租。参与祭祀的部分官员在祭祀前要到神乐署参与部分礼乐演练，祭祀前夜也必须住在神乐观。日久，神乐观一带花木繁茂，尤以牡丹花最盛，还有酒肆、茶肆、药铺等很多店面，成为文人香客宴集之所。“天坛南北廊”和“天坛道院”是民间对神乐观一带的叫法。这一带每至春初游人如织，甚至形成了民间踏春、端午游天坛、神乐观摸壁赌墅等风俗。当时神乐观内最有名的还是药店，特色经营天坛益母膏，道士们将天坛内生长的益母草制成药膏，是妇科良药，很多人慕益母膏之名而来神乐观。

至乾隆年间，神乐观香客云集，热闹繁华。有一满族御史携伶看花，因游人杂沓有违郊坛肃穆，上了一道请禁郊坛栽花、拆毁酒肆的奏折。乾隆是清代最重视祭祀典礼的皇帝，郊坛重地内喧哗嬉戏、开坊设肆，无事人员随意进坛游玩，这种违禁的情况使他下决心整顿神乐观。乾隆六年（1741 年）下诏“坛庙重地，严禁经商栽花”。禁令虽下，收效甚微，一时间仍不能禁。乾隆尊崇藏传佛教，对道教参与祭祀颇不以为然，加上神乐观的积乱，促使乾隆帝再下禁令。乾隆七年（1742 年）再次以“天坛为祭祀重地，应宜肃敬”，下令禁止太常寺乐员修习道教，不愿改业的注销其神乐观官籍任其为道，同时严令所有茶楼、酒肆关张，不得再开。

神乐观没有道士便不能再称为“观”，乾隆八年（1743 年）改神乐观为神乐所，乐舞生改用八旗俊秀子弟担任，由朝廷派协律郎对祭天乐舞生进行培训。乾隆十九年（1754 年）再改神乐所为神乐署，名称沿用至今。

整顿后的神乐观仍难禁止游人聚集，至嘉庆年间，游人聚集甚至话古弹词，好不热闹。嘉庆十三年（1808 年）再次饬禁这种亵越行为，下令取缔神乐署内店铺，“内除乐舞生等自住之房、就近开铺卖药者七处，应听其自便毋庸饬禁外，其余赁开茶馆及各项作坊共三十四处，俱不准其开设。”（《清仁宗实录》卷 196）经此整顿，署内游人才渐少。

但后代仍有反复，风俗既成，总是屡禁不止。

明弘治及清康熙年间曾两度大兴工程，修缮观中建筑，并刻碑留记。现神乐署凝禧殿前就左右树立着明弘治御制重建神乐观碑和清康熙年修缮记碑。神乐署群房的规模至乾隆时达到鼎盛，在乾隆十五年（1750 年）勘绘的《乾隆京城全图》中，神乐署群房的建筑布局和间数都历历在目。

《大清会典事例》中详细记载了中心署衙神乐署的规制："神乐署东向，正中凝禧殿五间，崇基三出陛，各六级，左右步廊各二间。后显佑殿七间，左右各三间。殿后袍服库二十三间。典礼署、奉祀堂南北各三间，左右门各三间，左门东通赞房、恪恭堂各三间，正伦堂、侯公堂各五间，南转穆佾所三间。右门东掌乐房、协律堂各三间，教师房、伶伦堂各五间，北转昭佾所三间。前后均联檐通脊。正门三间，三出陛，各四级。围墙东西四十四丈四尺，南北二十丈七尺二寸。"

凝禧殿是神乐署正殿，即明神乐观建成时的太和殿。清康熙十二年（1673 年）因与故宫太和殿重名，改名凝禧殿，是礼部太常寺官及乐部执事官生演礼演乐的地方。面阔五间，歇山顶，削割瓦，三踩斗栱。殿前有广阔的月台，中间纵向砖墁，是乐舞生演习八佾时的站位。明清两朝祭祀前二日，太常寺堂官即率属在凝禧殿内举行演礼。殿内高悬乾隆御笔"玉振金声"匾，青底金书。"金声"、"玉振"表

图 7.1–1　明弘治及清康熙年修缮记碑（左）

图 7.1–2　神乐署群房图，现有神乐署仅为中心署衙（右）

图 7.1-3　殿内玉振金声匾

示奏乐的全过程，以击钟（金声）开始发声，以击磬（玉振）收韵告终。"玉振金声"语出《孟子 · 万章下》"孔子之谓集大成。集大成也者，金声而玉振之也。金声也者，始条理也；玉振之也者，终条理也。始条理者，智之事也；终条理者，圣之事也。"这句话是孟子评价孔子思想集古圣先贤之大成。乾隆在殿内题匾，高度概况中和韶乐音韵响亮、和谐，赞誉它是集众音之大成。

凝禧殿后的大殿为显佑殿，是供奉玄武神及北方七星的殿宇。明初神乐观时名玄武殿，是道士祭祀北方玄武大帝的场所。明末改为显佑殿。面阔七间，进深三间，悬山顶。

周围廊庑七十三间，联檐通脊，环绕凝禧殿、显佑殿而设。显佑殿北三间真宫殿，为乐舞生奉祀祖师爷之所，后来成为署正住所。显佑殿南三间江东殿，为供奉道教正一派祖师的地方，后来成为奉祀官住所。北廊房中通赞房、恪恭堂、正伦堂、侯公堂为执事演礼、办公的地方；南廊房中掌乐房、协律堂为协律郎、司乐官办公的地方；穆佾所、昭佾所、教师房、伶伦堂为教习乐舞生的处所。显佑殿北典礼署、南奉祀堂各三间，为署正、署丞办公的场所。

7.1.2　衰落

清末，坛庙祭祀管理废弛，经"庚子事变"八国联军侵占，神乐署更被打开了被占他用之门，从此颓败，走向衰落。1900 年 8 月，英、美侵略军从永定门入城，占据了天坛和神乐署，驱逐署中人员，在神乐署设总兵站司令部，贮存物资，次年 7 月撤离时席卷了神乐署的珍贵器物。

清灭亡以后，神乐署的教习祭祀乐舞演礼功能更是丧失殆尽，天坛外坛被民国政府改划为林艺试验场，神乐署群房也先后被林艺试验场及中央防疫处借用。1915 年，袁世凯曾改神乐署为燕乐研究所，不久即撤销。1917 年神乐署后院（群房）建成传染病医院。1919 年中央防疫处占据此处成立，主要生产霍乱疫苗、伤寒疫苗、牛痘疫苗等生物制品。

1937 年“七七事变”后，中央防疫处机关随国民政府驻京各机构南迁，而神乐署于 1937 年 8 月被日军侵占，并成为华北（北平）北支甲第 1855 部队（防疫给水——细菌战部队）总部驻地。他们利用中央防疫处原有的生物制品设备进行菌种研制，并接受日军传染病患者治疗和部队给水卫生检验等。1855 部队设立病理试验、细菌制造、细菌武器三课。其中，第二课（细菌制造课）设在天坛西门南部的原卫生署中央防疫处生物制品所。神乐署东设有总部司令部，神乐署西殿及周围廊房用作资财课的仓库，日军先后在此建筑日军宿舍、7 栋病房、100 多间工作室、70 多间小动物室、储存各种剧毒菌种的地下冷库 192m^3 等。日军的侵占对神乐署古建筑造成了破坏，也严重损坏了其历史风貌的完整性。

1995 年，中国人民抗日战争胜利 50 周年之际，原 1855 部队的一些老兵无法忍受良心的谴责，相继揭露 1855 部队研制细菌武器杀害中国人民的罪行。其中原 1855 部队卫生兵伊藤影明等人到天坛神乐署等处指证日军的犯罪遗址，向中国人民谢罪。1997 年，北京市政府、崇文区政府、天坛公园管理处在神乐署处共同树碑，将日军 1855 细菌部队侵华遗址列为北京市青少年爱国主义教育基地。

抗战胜利后，大部分建筑仍被北平生物制作所及

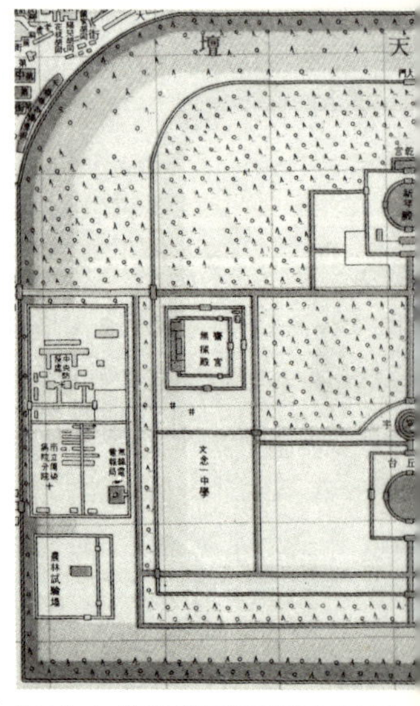

图 7.1-4 侵华日军细菌部队遗址碑（上）

图 7.1-5 民国北京外城图图示的神乐署被占情况（下）

另外一些单位占用。

新中国成立后，神乐署由卫生部及中国医学科学院下属诸单位借用，凝禧殿被用作仓库，显佑殿被中国药品生物制品检定所用作职工食堂，群房则成为职工宿舍。1960 年天坛公园收回凝禧殿，一度成为对外开放的舞厅，门窗、地面被拆改，署门外的一字影壁也遭拆除。署衙外围群房在无声无息中逐渐湮没，不知何时已成为外单位的属地，仅存的署衙——神乐署署院被淹没在无数新建的民房楼宇之间，署院自身也沦落为大杂院，最多时有 170 余户居民居住其中。居民私自搭屋建棚，饲养鱼禽，临建、杂建、简易房等拥挤不堪。仅 1992 年春初，院内就有由垃圾、组合柜等引起的三起火灾，幸而及时扑灭，距凝禧殿、显佑殿仅有七八米的距离，距廊庑也只有 5m。

连年风霜，无人维护管理，无休止的占用和拆改，至 20 世纪末神乐署已面目全非，一派荒败景象，只有一道长年紧闭的大铁门维持着它与天坛的一丝联系，此时的神乐署已经到了必须抢救的危险程度。

7.1.3　重生

20 世纪 80 年代以来，天坛历任管理者多次酝酿并提出对神乐署的保护修复问题，逐渐引起了社会关注。要保护神乐署古建，住户搬迁是首要问题，也日益受到重视。1983 年 6 月，北京市建委明确提出神乐署署院住户必须全部迁出。1987 年 7 月，市政府专门召开有关部门会议作出方案，要求迁出全部住户。1988 年，国家投入巨资，由北京市园林局、北京市文物局、崇文区政府联合组织进行神乐署彻底腾退、搬迁工作。1997 年以后，在天坛成功申报世界文化遗产工作的促成下，陆续将神乐署内的几家单位和上百户居民进行迁移安置，天坛公园也将署中杂建陆续拆除，对腾空房屋进行封堵保护。神乐署的回收工作自 1983 年开始，克服重重困难，跨越无数难题，在各级政府、全国政协、市政协、有关专家和社会各界的大力支持及不懈努力下，历经 19 年，直至 2002 年 2 月 5 日，随着长期占用神乐署的中国药品检定所等单位居民最后迁出，天坛终于将神乐署署院建筑

图 7.1-6 神乐署违建拆除中

全部收回，并随即展开了大规模的保护修缮工程。从此，神乐署欢颜重现，华年重生。为了这一天，神乐署足足等待了 100 年。

1996 年在安置搬迁腾退工作的同时，天坛开始为神乐署修缮做准备，着手修缮前期普查，委托中国林科院木材工业研究所对两殿木结构进行勘察。1999 年，北京市文物建筑保护设计所完成了《天坛公园神乐署修复可行性研究报告》。报告显示：神乐署所有建筑均有不同程度不同拆改，表现为：周围廊庑为拓展使用面积，100% 将檐廊封闭成室内空间，原有门窗一概拆除、废弃，其中西端 13 间庑房在原址彻底翻改为砖混结构房，大部分屋面椽飞檩木、瓦顶也有修换，以致出现同一建筑存在不同处理形式迹象。地面全部变更材料。凝禧殿棂心、地面均已非原制。显佑殿门窗、地面以致后檐墙有明显改动、拆修迹象。建筑损伤上：普遍木结构糟朽；虫蛀伤害严重，对建筑安全造成极大危害；所有建筑均有屋面渗漏；大木走闪、拔榫；砖石砌体风化，局部严重变形；屋面瓦兽件等残缺，局部用瓦杂乱；室外油漆大部无存，彩画少量残留。其他破坏及隐患：依托原建筑搭建房、院中独立添建房，严重破坏了建筑环境；庭园铺装全部毁坏；用电、供电系统混乱，电气装具简陋，导致火灾隐患；无污水、雨水和排放系统管线；无消防管网设置等。

针对普查情况，设计所进行了修复方案设计：按原制修复现存所有古建，进行挑顶大修、局部落架、部分结构构件和全部门窗装修复原，重做油漆彩画；西端 13 间已拆改的廊庑原址复建；装避雷设施、配电线路、报警系统；装消防管线，重设给排水系统；拆除添建房屋，铺装庭园；门前区及周边拆迁整治等。

2000 年 3 月，北京市文物局审查并批准了神乐署修复方案。神乐署修缮工程被列入北京市“十 · 五”计划，分 3 年完成。2002 年，北京市政府将修缮神乐署项目列入《北京市 3.3 亿文物抢险修缮工程计划》，北京市计委和天坛公园管理处共同筹措资金对神乐署进行全面修缮。

神乐署复原工程终于在 2001 年 11 月 15 日正式开工，2004 年 9 月 20 日圆满竣工。由市文物建筑保护设计所负责设计，市园林古建工程公司负责施工，北京方亭工程监理有限公司负责监理，北京兴中海建筑工程造价咨询有限公司负责全过程审计，市建设工程质量监督总站文物工程监督站进行质量监督。修缮古建面积 $4850m^2$，修缮工程项目包括：拆除神乐署古建院落内及神乐署门至西内坛墙的所有杂建，按原貌修复现有的所有古建，细分为大木维修工程、屋面工程、墙体工程、石活归安工程、油饰彩画工程、地面铺墁工程、防腐、避雷、消防及配套设施等工程。大木维修包括墩接柱子、抽换柱子、攒柱根、补柱子，拨正归安、斗栱整修、更换椽望、木装修等项目。在进行结构维修时，经过反复研究、科学计算，在保证安全的前提下，将需要维修的大型构件直接落在脚手架上维修，降低不安全因素，避免了构件在吊装过程中的二次损伤，减少了对彩画的损坏程度，节约了大量的人工。大木落架归安分间分缝逐件编号，保证做到原拆、原归、原安。屋面工程，苫背用的泥、灰、麻刀等材料严把质量关。墙体工程，用砖的规格、质量、尺寸严格按照设计要求及文物操作规范加工，并经试验合格后方可使用。石活归安工程，石料添配遵照不改变原状的原则，根据设计要求进行加工，加工的花纹颜色与旧活相吻合，石料整洁、整齐。油漆彩画工程，所用材料全部采用传统材料、做法。地面铺墁工程，砖与垫层结合牢固，座浆灌缝饱满，找中冲趟砖缝排列形式严格按照设计要求施工，地面墁完后表面整洁，棱角完整，表面无灰浆赃物，缝子均匀，油灰饱满严实，钻生饱满。防腐工程采用 CAA 防腐剂，更换的木件涂刷三道，望板上房之前两面涂刷三道防腐剂。

工程于 2002 年完成凝禧殿、显佑殿主体结构修复，2003 年完成凝禧殿、显佑殿的油漆彩画和廊庑、大门的修复及部分油漆彩画，2004 年完成全部的油漆彩画修复，安装避雷、铺设电力电缆及消防系统，焚帛炉、影壁及铺装恢复，院外散水恢复及院外原有路面恢复，添建管理用房。工程总投资逾 5000 万元，其中市计委筹资 4000 万元，天坛公园自筹资金 1000 万元。

修复工程尊重历史，尊重文物，遵循原形制、原结构、原材料、原工艺原则，恢复古建的历史原真性，"修旧如旧"，被评为 2004 年度建筑长城杯金质奖工程、市级文明工地、现场管理样板工地、2004 年北京市园林局优质工程。

修缮工程的施工单位采用招投标的方式确定。一期工程邀请 3 家公司投标，2001 年 7 月 3 日举行了开标会，经评标小组 5 名评委评议，市园林古建工程公司中标。二期工程于 2002 年 10 月 22 日开标，由于 3 家工程公司都具备中标条件，评委们考虑到一期工程施工中，现场管理比较好，能够与设计、监理、甲方密切配合，且同一项目两家施工单位不利于现场管理和后期质量评定及结算，从对整体工程有利角度出发，仍由市园林古建工程公司中标。

图 7.1–7　凝禧殿施工中（上左）
图 7.1–8　神乐署住户搬迁后违建拆除中（上右）
图 7.1–9　修缮后的廊房（下左）
图 7.1–10　修缮后的袍服库（下右）

在施工环境保护措施上，为减少拆除时扬尘、噪声和利于文物保护，对凝禧殿搭设了全封闭的临时保护大棚，大棚内采用低压36V供电系统照明，顶棚并安装避雷设施。这种做法是北京市以往古建施工中没有过的保护做法。

施工过程中，在显佑殿前发现了2处焚帛炉砖座遗址及部分焚帛炉砖构件，同时在门殿前中轴线上发现影壁遗址一处。两处遗址平面尺寸清晰完整，遗存构件可准确反映砖体材料及烧制工艺和形制。根据遗址和清理出的实物现状，参照北京几处坛庙、宫殿等祭祀建筑的相似规制作出了复原方案，经市文物局批准，在设计所设计完成后又组织了专家论证，最终根据遗存构件和遗址尺寸进行了原形制、原材料、原工艺的复建。

还有一项难以确定的设计，就是服务接待用房的设置方案，既要满足古建的现代服务功能需要安排管理用房，又不能破坏古建景观和建筑形制。经过斟酌制定了两个方案：一是，票房和厕所都在古建院内，利用廊庑，在山门两侧各2间设售票房，东北角5间设游客活动中心，西北角5间设接待处，4间设男女厕所；二是，接待处不变，游客活动中心设在山门北侧5间，在影壁东侧、内坛墙西侧南北各新建5间房屋带廊子，分别设票房、厕所，建筑采用卷棚式灰色调仿古形式尽量与景观协调。文物局批复指出：新建工程面积过大，且与古建对称布局有配殿感，干扰历史环境，应尽量压缩建筑面积，如取消售票室的活动室、公厕的管理室等，同时尽量拉开新建与古建间的距离；用轻体材料建设，简化新建的建筑形式。根据文物局的批复意见最终采用了第二方案并做了相应调整。

还要重点说一说彩画修复。市文物建筑保护设计所进行古建彩画现状普查后，发现这组建筑的突出现象是：①整组建筑内外檐清一色施绘的是同一类别、同一等级的宋锦、黑叶子花卉方心雅五墨旋子彩画，只是在盒子上面凝禧殿、显佑殿、署门与其余建筑有些区别，前者为“活盒子”，后者为栀花纹。这一现象是迄今为止没有见过的孤例。②花锦方心雅五墨彩画是著录于雍正年间颁行的《工程做法》中的一种彩画，是清早期的一种典型做法，这种彩画演进到清晚期其方心已经再没有锦花的组合，而变成花与攒退夔龙的组合，因此整组建筑现存彩画大体上可以确认：内檐彩画大部分是清中期的遗物，外檐是清晚期重绘的。但是奇怪的是，清代后期所重绘的彩画并没有按当时的绘法绘制，而是采用与内檐无大异的做法，保持总体上一致。这一现象是因何形成的需要再研究考证。③显佑殿迤东的庑房内檐若干件四架梁的底面方心内遗存云鹤纹，这一现象绝非偶然，很可能与此处长期由道士使用有关。

文物建筑保护设计所以这些彩画自身的地仗现状、纹饰造型、材料及工艺的特征为基础，对应相关天坛文献记载，经分析推断现存彩画大致为四个时期的作品：①凝禧殿金柱和正心檩的沥粉“旋眼”原迹，很可能是清康熙朝大修时所绘彩画的一部分。以此残迹可以认定这层彩画是旋子彩画。②凝禧殿内檐表层彩画、显佑殿内檐被红油所遮盖的彩画残迹、署门内檐彩画、显佑殿耳房内檐彩画皆属一个时期的遗物，很可能是乾隆朝重修改建天坛时所绘制，是典型的清中期风格。③凝禧殿外檐、署门外檐、四周庑房内外檐彩画皆属一个时期遗物，推断为清晚期重绘，下限不会晚于民国以后。④显佑殿外檐、显佑殿北耳房后檐的掐箍头式彩画，可能为民国以后某使用单位所绘，完全改变了该殿彩画原貌，实际是一次破坏性修缮。

设计所经过分析考证，设计了《彩画修复方案》，彩画修复方式分现状保护、修补和按原制复制 2 种类型。凝禧殿：内檐上架彩画现状修补，按现存实样套画，以现存彩画形式、设色为准，色彩随旧，新制大木只挠不砍；外檐上架彩画按现状遗存拓谱子，出小样，设计认定。显佑殿：内檐上架按原制重绘旋子彩画，一麻五灰地仗，彩画起谱子以现状梁木所存纹样描摹件为准，内檐彩画选择局部完整的一缝梁架，清除表面明漆，暴露彩画，封护保留；外檐（一麻五灰地仗）彩画以内檐彩画为依据起谱子后由设计认定。署门：内檐上架彩画以保留现存实物为主；外檐彩画，现场实摹起谱子，以实物为准复制；下架大木及门窗油饰均满砍满作等按原工艺执行。周庑：内檐明造梁架掏空，选择典型彩画残留物局部片段保留，其余部分按各段庑房实物遗存形制和设色复制旋子彩画，起谱子、设色均以实物描摹资料为准；外檐，廊下彩画按所存实物形制、设色复制，区别各段不同残损，局部保留典型片段。实地普查的彩画遗存资料，是彩画修复的根本依据，具体内容、遗存位置都标注于“彩画普查记录图”中，相应文字则记录在“彩画普查记录”中。彩画修复方案经过市文物局批准，并经北京故宫博物院著名彩画研究专家王仲杰等专家的认定，做了调整和补充后方实施。

凝禧殿外檐按原迹重绘宋锦、黑叶子花卉方心，烟琢墨攒退夔龙、蝠磬，黑叶子花卉盒子雅五墨彩画。飞头绘黑万字，椽头绘虎眼宝珠，斗栱黑边黑老做法。显佑殿内檐除确定的部分原迹原状保存外，其余皆按原迹重绘宋锦、黑叶子花卉方心，烟琢墨攒退西番莲，夔龙盒子雅五墨彩画。署门外檐（包括檐部内侧面）按原迹复制重绘宋锦、黑叶子花卉方心，烟琢墨攒退夔龙、黑叶子花盒子雅五墨旋子彩画。

需要特别说明的是，该彩画工程属于复原复制工程，没有简单的套用传统做法，而是按普查的原状分析实施。凡确定原状保存的彩画原件，施工中都注意了妥善保护不致脏污，归安后所保存实物皆处于隐蔽处。不是另起谱子，而是按描稿制成谱子，制出初稿后经设计单位审核无误后方进行实施。须重做的构件，原有纹饰在砍活前都进行了描摹并拍照、测量尺寸记录在案，又经设计审查无误后才做的砍活。实施中彩画的各类线条的宽度，花卉的造型、绘法，切活的造型锦纹做法等，尽量注意符合原件的年代特征，没有以近、现代手法替代原有做法。

神乐署的保护修缮工作得到市委市政府的重视。市委书记贾庆林、市长刘淇多次来到施工现场，听取汇报，穿行在脚手架间，认真察看修复作业情况。贾庆林在视察神乐署施工现场时指出：“城市发展与文物保护是北京作为文明古都现代化建设中的永恒主题，文物保护工作要与抢救修复、环境治理和开发利用相结合，对文物建筑、文物古迹、文物收藏要充分的开发利用，统筹规划。”

在接下来的 3 年里，又经过公园不懈地争取和努力，在市政协、全国政协委员们的促成下，2005 年 6 月，署院旁门外与凝禧殿间距不足 10m，高近 30m，严重破坏神乐署景观、威胁古建安全的北京市口腔医院大烟囱也被拆除，终还神乐署一片蓝天、一片清明。

图 7.1–11　北京口腔医院大烟囱严重影响神乐署的视觉景观

修复后的神乐署占地面积约为 10000m^2，整个院落为东西朝向，两座大殿凝禧殿、显佑殿坐西朝东，巍然矗立，廊庑环绕，与署门、影壁墙一同构成了神乐署院落的整体建筑景观。

7.1.4　传承

2005 年元旦，修缮一新的神乐署被辟为“中国古代皇家音乐展馆”，以极强的观展性和视觉冲击力在世人面前重新亮相。

开放后的神乐署，以“展示中国古代宫廷祭祀礼仪音乐——中和韶乐”为主题的展览吸引了来自四面八方的游客。展览为人们展现了一幅中国古代音乐史的绚丽画卷，引导人们亲耳聆听那消失百年的中正之音。陈展主要内容分为凝禧殿中和韶乐展演区、显佑殿雕塑展区和廊房专题陈列。

图 7.1–12　神乐署导视图

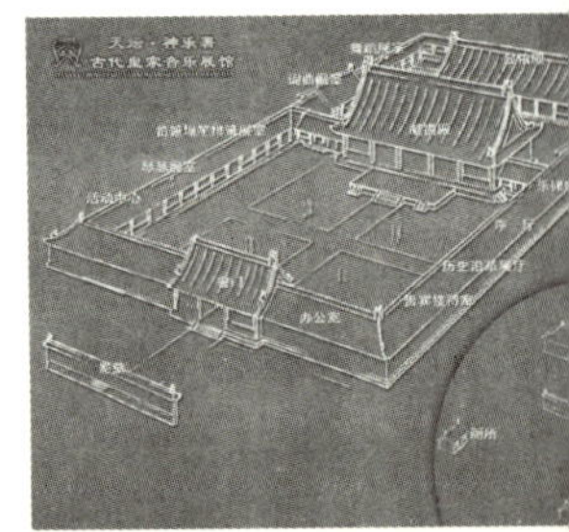

正殿凝禧殿被辟为中和韶乐展演大厅，殿内面积 600m^2。金碧辉煌的舞台上摆放着中和韶乐的各式演奏乐器，殿内周边介绍了中和韶乐的历史沿革及其在中国几千年音乐发展史上的重要地位，展示了“玉振金声”的主要发音乐器编钟、编磬、镈钟、特磬。大殿内定时举办古代乐舞专场演出，谱奏出失传百年的中和韶乐，观众在欣赏雅乐神韵的同时，能够亲耳聆

听清代中和韶乐的重要乐器——镈钟、特磬奏响“玉振金声”，在优雅古朴的钟声磬韵中感受祭祀时的庄重与肃穆。

显佑殿被辟为中国古代音乐名人堂，陈列着中国古代音乐名人的雕像，上自黄帝时期的乐官中国乐律学鼻祖伶伦，下至明代大音乐家早于西方100年的十二平均律的创造者朱载堉等共8位历史音乐名人。墙面以巨幅壁画相环绕，呈现中国古代音乐发展的大致历程，讲述了中国历史上著名乐祖、乐师们对世界音乐的贡献。

神乐署廊房开辟为“中和韶乐”乐舞、乐器等相关知识内容的专题陈列展览厅，分别为神乐署历史沿革展厅、中国古代乐律展厅、鼓展厅、琴展厅、瑟展厅、埙笙展厅、笛箫展厅、中和韶乐词曲展厅、舞蹈服饰展厅。各展厅结合文字、图片、实物，采用声、色、形，动静结合的演示手段，向人们展示中国古代音乐的发展过程。历史沿革展厅，全面展示了神乐署的历史概况、使用功能以及中和韶乐在祭祀活动中的使用情况。

古建筑修复的目的不仅仅是一座建筑辉弘外观的重现，更深刻的意义是还原古建筑所蕴含的文化和价值。对中和韶乐的展示，是神乐

7.1-13　乐律展
（上左）
7.1-14　鼓展厅
:右）
7.1-15　琴展厅
左）
7.1-16　词曲展
（下右）

署历史价值、研究价值的再现，是对中华民族优秀文化的传承。神乐署所承载的中和韶乐，其展览展示极尽辉煌，然而发掘、整理、传承的过程却如春蚕破蛹般艰难。

中和韶乐属古代的雅乐，起源于远古先民的原始乐舞，商周以后成为宫廷音乐，主要用于祭祀、宴飨、朝会等宫廷活动，是王权统治者、贵族阶层专用的典礼音乐。雅乐历代沿袭，一脉相承。明洪武年间，朱元璋将雅乐改名为中和韶乐。中和韶乐在明清两朝都被用为宫廷大乐。清代礼乐制度完备，承袭了明代中和韶乐的精华并充分运用于国家各项重大祭祀活动中，而天坛的祭天典礼使中和韶乐的祭天乐舞达到了巅峰。

中和韶乐其乐音纯正，舞姿庄重，颂词唯美，具有教化民众移风易俗的社会功能，受到了儒家学者和中国古代历朝统治者的推崇，认为中和韶乐是最和谐完美、最具伦理道德的音乐，成为“德音雅乐”，尊为“华夏正声”。

中和韶乐最显著的特点是融礼、乐、歌、舞为一体，具有强烈的礼乐意义。它采用五声音阶，唱词一字一音，乐器八音俱全，舞蹈八佾齐舞，随唱词一字一动作，文德、武功舞分别进退。八音即使用金、石、丝、竹、土、木、匏、革 8 种质地的材料制成的乐器发出 8 类风格不同的声音，隐意包罗了自然界的所有音质。八佾即横纵皆为 8 人的队列，是最高等级的队列形式。

随着清王朝覆灭，祭天典礼废除，中和韶乐陷入了沉寂，几近失传。直到 20 世纪 80 年代中和韶乐才重新受到了社会的关注，一些专家学者开展了对中和韶乐的研究，天坛也在这时开始实施中和韶乐的保护整理。1981 年天坛将未被掠走珍藏多年的编钟编磬等中和韶乐乐器在皇乾殿展出，这是 1951 年以后 30 年来天坛中和韶乐乐器第一次公开展出。1987 年天坛在斋宫举办了祭天文物展，又一次将中和韶乐乐器介绍给广大游客，这次展出还简要地介绍了中和韶乐的历史和明清两朝天坛祭祀时使用中和韶乐的情况。1989 年天坛整理出了部分中和韶乐曲谱。1990 年天坛组织录制了 22 首祭天乐曲，乐曲录制过程中使用了清代编钟编磬等中和韶乐乐器。1990年7月，天坛在祈年殿东配殿开设“祭天乐舞馆”，展出了全套的中和韶乐乐器，进行了比较系统的中和韶乐知识介绍。1993～2001年天坛举办了三次“天坛文化研讨会”，很多专家在研讨中提出了中和韶乐的保护问题，对保护中和韶乐的目标、工作原则、资金投入等进行了探讨。2001年春节，在南神厨小剧场小规模地公开演出了部分乐曲，立刻取得了轰动效应。同年《天坛公园志》编纂出版，志书中收录了大量中和韶乐的文字资料，包括曲谱、歌词、舞谱等。自2002年春节开始，天坛公园连续举办了三届“天坛文化周”活动，进行祭天仪仗和祭祀乐舞表演，举办“坛乐清音”音乐会。

厚积薄发，2005年随着神乐署修复开放，中国古代皇家音乐展全面系统地介绍了中和韶乐的起源、发展及其音乐成就，展出了从远古到清末各个时代的各种中和韶乐乐器。开放后神乐署凝禧殿成为中国惟一能够欣赏到中和韶乐演出的音乐场所。天坛公园自己组织、训练的演出队伍，在凝禧殿一天6场、全年无休的中和韶乐演出，使中韶音乐的表演常态化，加强

图 7.1-17　1990年中和韶乐录制现场

了展览的直观性和互动性，成为神乐署乃至天坛公园的新亮点。乐队不仅恢复了不少清代中和韶乐古曲，还恢复了部分古代雅乐乐曲。

天坛开展的一系列中和韶乐的保护宣传，提高了中和韶乐的知名度、美誉度，也使神乐署被更多文物保护工作者纳入视野。2005 年 5 月，天坛开始进行“天坛神乐署中和韶乐”非物质遗产名录申报工作。2006 年 12 月 31 日，北京市公布“天坛神乐署中和韶乐”为北京市首批非物质文化遗产。

2008 年起，每年的春节天坛文化周游园活动期间，在祈年殿举行大型祭天乐舞表演，128 名演员演出中和韶乐武功舞、文德舞，演员手执干戚羽籥，随着古乐

图 7.1–18 凝禧殿舞台上文舞生舞蹈表演照片（上）

图 7.1–19 神乐署中和韶乐申报国家非物质文化遗产名录专家论证会现场（下）

舒展身姿，表现了对美好生活的祈盼，对盛世的憧憬，所有的舞蹈动作均按清代舞谱设计，真实地再现了清代祈谷大祀中和韶乐演礼时的乐舞盛况。

天坛神乐署中和韶乐申报国家非物质文化遗产的工作还在继续着。天坛为了保护传承中和韶乐这一祖国音乐园地的奇葩正在作着努力，这种努力将是持续不懈的。

7.1.5　展望

由兴到衰，由失去到收回，由修复到传承，神乐署这座承载着中和韶乐文化遗产的礼乐学府，一步步展示出它的真实价值。然而神乐署署院外原群房所处大部分区域仍未收回，保护状况堪忧。该地域用地权属复杂，目前仍存在被大量杂建占用的问题，严重影响了天坛世界遗产价值的真实性和完整性。随着 2005 年世界遗产中心将“完整性”正式列入文化遗产的价值认定标准，天坛外坛的混乱现状及“完整性”的缺失对天坛世界遗产的身份带来了极大危机。天坛公园修订的《天坛总体规划》、《天坛文物保护规划》中都对被占区域作出了规划。

随着市委市政府提出建设世界城市和“人文北京、科技北京、绿色北京”的发展战略，2009 年北京市政府正式启动《2010—2012 年促进南城加快发展行动计划》，天坛对于南城乃至整个北京的文化和生态作用越来越凸显。

2009 年，市委市政府决定将（占用神乐署群房区域的）药检所、天坛医院、北京口腔医院迁建于大兴和丰台等地。市、区领导高度重视，给予迁建项目极大的关怀和支持。

当前的天坛，正处在这样一个危机与契机并存的盛世发展时期，对神乐署外群房区域土地的回收、复建和利用仍然任重而道远。

（天坛公园管理处供稿，袁兆晖执笔）

7.2 香山公园勤政殿复建

香山静宜园勤政殿复建工程，启动于2001年，曾是当时公园古建复建中单体规模最大，等级最高的一座。这项工程的复原设计依据，虽有柱网清晰的遗址和档案中相关图纸和尺寸的记载，并有清代内务府绘画作品的参照，但在设计施工过程中，仍然遇到许多不确定的因素，需要斟酌解决。由于参建单位、专家、工程技术人员的高度重视，悉心努力，几乎在每一个细部环节上都反复推敲论证，解决工程技术中的难题。竣工后得到文物、古建、园林界的广泛认可和高度评价，并获得北京市2003年度长城杯金质奖。

勤政殿复建工程的另一个值得推荐的地方是：在立项之初便确定建成开放展示模式，确定以勤政殿陈设档为依据，同步进行内部陈设，家具器物的复原制作，取得以原状陈列等级相当的展示效果，其中陈设主体，金漆镶嵌闹龙宝座，还被北京市传统工艺美术评审委员会评定为北京市艺术珍品。视为非物质遗产传承典范。值得注意的是：由于对陈设档的忠实布置的考究带动了勤政殿内外檐装修格局的确定，取得从建筑物复建到陈列展示的圆满效果。

香山公园东门，是原香山静宜园的宫门，宫门内即勤政殿。勤政殿为香山静宜园二十八景之一，包括勤政殿、南北配殿、牌楼及殿前月牙河与山石水系等。

勤政殿建于清乾隆十年（1745年），殿名源于“勤政务本，勤于思政”之意，是乾隆皇帝效仿他的父亲雍正皇帝在圆明园建的勤政殿模式，“殿曰勤政，朝夕是临，与群臣咨政要而筹民瘼，如圆明园也（《静宜园记》）”。皇家园林中建勤政殿是清代建园的一种规制，据清嘉庆御制文初集《勤政殿记》：“我皇考于理事，正殿皆颜勤政，诚以持心不可不敬，为政不可不勤也”。康熙皇帝在中海建有勤政殿，雍正皇帝在圆明园建了勤政殿，乾隆皇帝香山静宜园建勤政殿，是继承了爷爷康熙和父亲雍正的皇室传统。“晨披既勤，昼接靡倦，所行之政，

图 7.2–1　勤政殿牌楼门和影壁

即皇祖皇考之政”。并将勤政殿列为香山静宜园二十八景之首，可见乾隆皇帝对勤政殿的重视。

勤政殿，于咸丰十年（1860 年）连同静宜园被英法联军焚毁，仅存殿基、山石和月牙河。1912 年喀喇沁王福晋在香山静宜园创办女子学校和女学工厂。1917 年，熊希龄在香山静宜园建“香山慈幼院”，将东宫门两侧罩子门位置为出入口，修了通汽车用的混凝土路，从月牙河两侧，向南通向老“香山饭店”和双清，向北通往蒙养园、眼镜湖等处，道路一直延用于 20 世纪 80 年代。1983 年，复建了两柱冲天式牌楼，由香山公园基建科长齐宝成设计，香山公园自行施工。

1991 年，拆除了混凝土道路，调整了院中的桧柏，复建了宫门两侧罩子门，牌楼两侧随墙门，整修了影壁，清挖整修了配殿基础，复原了台基，整修了部分山石，将勤政殿遗址展现给游人。1992 年，勤政殿复建工程被列入“香山公园总体规划”，为勤政殿的复建奠定了基础。

2001 年 10 月，启动勤政殿复建工程。为了满足游人的文化需求，挖掘皇家园林历史文化内涵，落实“以人为本、文化建园”的工作方针，在市委市政府、国家文物局、北京市文物局等政府职能部门的支持下，北京市园林局决定投资 1500 万元，复建香山静宜园二十八景中的勤政殿和香雾窟两处景观，以再现乾隆年间静宜园两处佳景。10 月 24 日，在香山公园管理处召开了勤政殿复建工作会议。10 月 25 日，北京市文物局、香山公园管理处和北京市园林古建工程公司在香山公园管理处召开了复建工程专家论证会，与会专家对复建工程给予了充分肯定，并对复建中的技术问题提出了具体要求。2001 年底，根据专家的意见，开始了勤政殿的复建工作，由北京市园林古建工程公司承担设计与施工，其中，设计由公司所属北京华宇星园林古建设计所设计，施工由公司所属第五分部施工。复建工程是在边设计、边考证、边研讨、边施工中完成的。

7.2.1 勤政殿复原设计

勤政殿复原设计，由北京市园林古建工程公司下属北京华宇星园林古建设计所完成的，主要设计人员是宋余生、王兴燕、赵鹏等人。

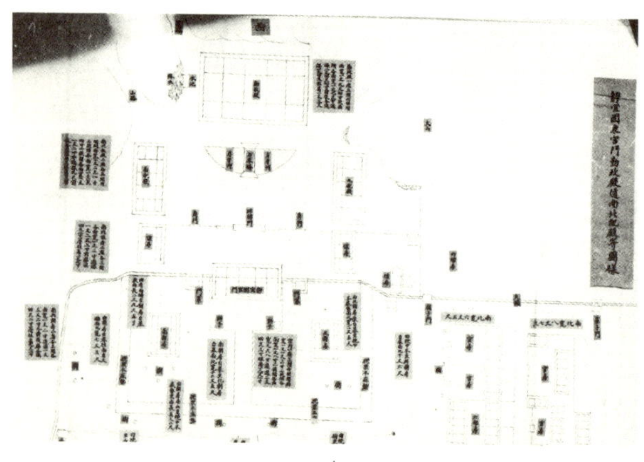

图 7.2–2 "静宜园东宫门勤政殿随南北配殿等图样（局部）"（香山公园提供）

(1) 设计主要参考依据

①"静宜园东宫门勤政殿随南北配殿等图样(下称'样式房图')"，这是静宜园被英法联军焚毁后，由清宫测绘的样式房图，是宣纸画的平面图，上面用红色纸条写上测量的尺寸，贴在建筑旁边。这是清代宫廷设计的平面图，是非常可信的依据说明图：图7.2-2；②现存中国第一档案馆的香山静宜园全图（下称"静宜园全图"），是在丝绢上手绘的，画心2.5m×1.5m，上面题款："臣清桂沈焕嵩贵合笔恭画"。展示的是乾隆年间香山静宜园时的景观，是宫廷画师清桂、沈焕和嵩贵三位画师合笔完成的。从图中可以看出：勤政殿和南北配殿都是单檐歇山有正脊的歇山式建筑，牌楼为两柱冲天式，均施以彩画，勤政殿前有4个香炉及月牙河，勤政殿南有挂水等，同为勤政殿复原的重要依据图片说明：图7.2-3；③现存遗址，基址保留比较完好，部分台明石、柱顶石还在原位上，最主要的是台明墙、磉墩和拦土墙保留较为完整。这是确定建筑台明尺寸和做法的重要依据；

图7.2-3 "静宜园全图（局部）"（香山公园提供）

④颐和园仁寿殿，是勤政殿复建的最直观的参照物。

（2）平面尺寸的确定是复建最重要的设计

首先对现存台基进行考古挖掘，根据台基保留的现状，与样式房图进行核对，是基本吻合的。以现状的“山出檐进”确定台明的出檐，以柱顶石和柱顶石下磉墩的位置尺寸，结合斗栱的均衡排列及柱子侧角综合权衡推敲后，确定了平面尺寸，勤政殿面宽5间、进深3间、建筑面积600.16m^2。

（3）权衡尺寸的确定

古建筑的权衡尺寸，带斗栱的大式建筑主要依据斗口，即大斗的开口宽度；无斗栱的小式建筑依据柱径尺寸。有了柱顶石的尺寸，推算柱径最为容易，柱径为柱顶石见方边长的1/2，这样可得到勤政殿檐柱径为550mm，有了柱径可以推算斗口尺寸。明间每攒斗栱排列，以6攒7档为宜。檐柱柱径为6斗口，推算后约合三寸（92mm），

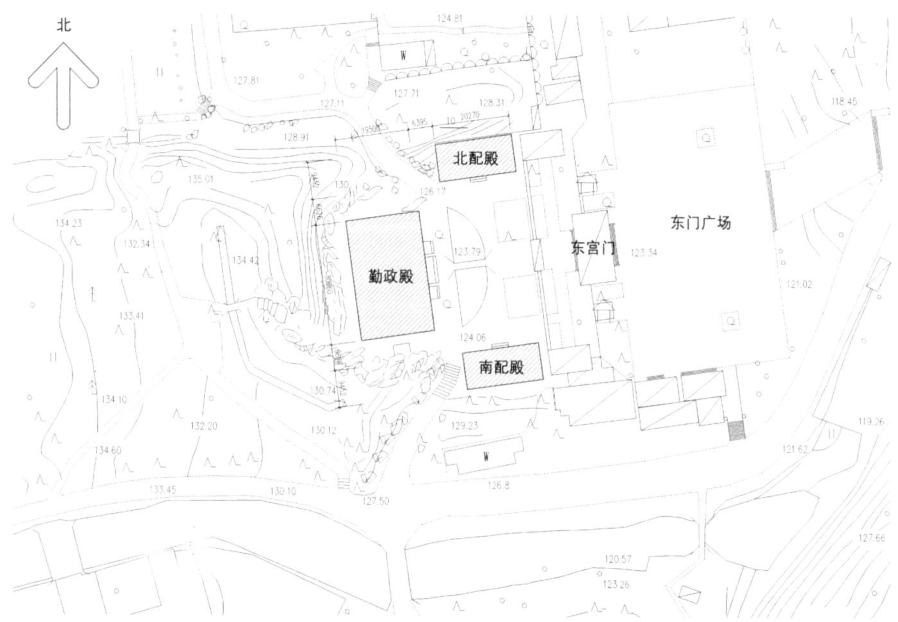

图7.2-4　勤政殿复建总平面图

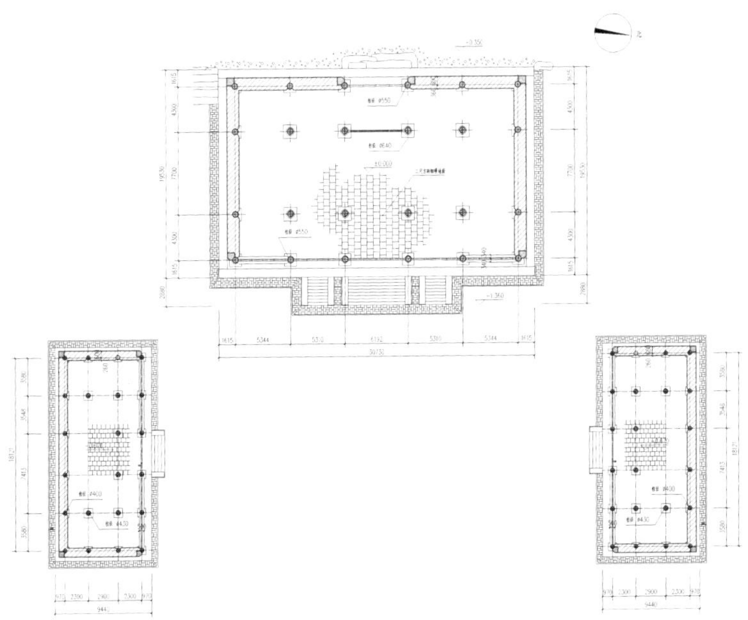

图 7.2-5　勤政殿和配殿平面图

根据现有柱顶鼓镜尺寸，综合评价后，勤政殿斗口为二寸五分，即 80mm。依据斗口，和乾隆年间现存建筑，再推算各构件尺寸。以此方法，连同配殿，完成了勤政殿的复原设计。

(4) 柱高的确定

样式房图记载的勤政殿檐柱柱高为一丈三尺，合 4.16m，显然柱高过矮，根据推算，檐柱高 60 斗口，合 4.8m。复原设计就是按檐柱 4.8m 高设计的，因明间开间为 6.19m，因此，檐步使用了大、小额枋和由额垫板。复原设计报送北京市文物局后，再经专家论证，柱高要维持原记载。这样又重新设计了勤政殿，柱高定为 4.16m，因柱子过矮，檐步只能使用单额枋，明间开间过大，只得加大单额枋的断面尺寸。形成了勤政殿台明高，屋面高，而屋身小的特点。

(5) 建筑形式

主要依据“静宜园全图”为单檐歇山式，即“十一条脊”的建筑。屋面采用特号黑瓦。在前檐步和后檐步明间做木装修，在山墙与后檐

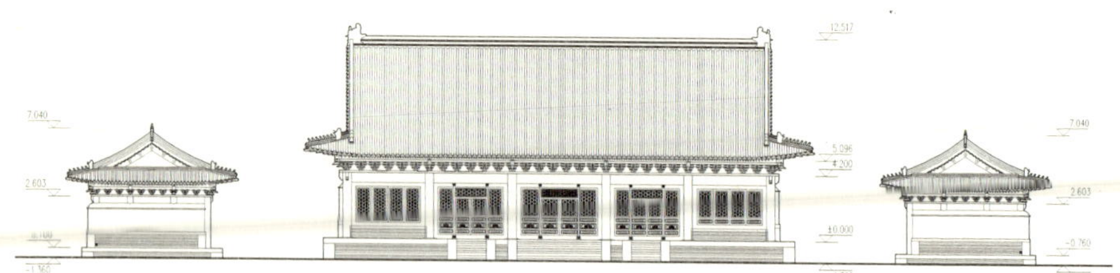

图 7.2-6 勤政殿正立面和配殿侧立面图

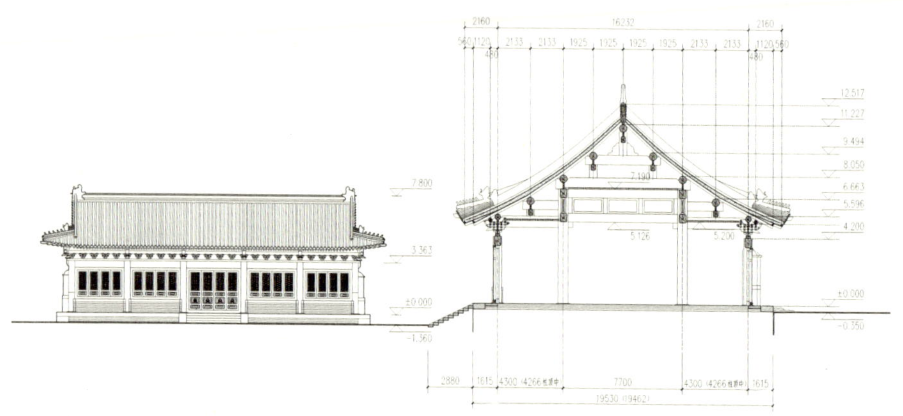

图 7.2-7 勤政殿剖面和配殿立面图

的次间和稍间砌墙，下身墙随台明做城砖干摆，上身墙抹红灰。砌墙和木装修，以满足殿内布置的功能，是很成功的。

（6）彩画设计

彩画设计在古建界一直是薄弱环节，彩画的复原设计就更难了，因此，勤政殿彩画设计比较滞后，是在 2003 年初完成主体结构后开始的。依据“静宜园全图”，勤政殿一组建筑是有彩画的，但彩画形式和等级是无法考证的。为此，将故宫博物院高级工程师、彩画专家王仲杰先生请到了现场，由项目经理胡国明与画工工长王光宾配合。在王仲杰先生的指导下，参照颐和园仁寿殿和故宫养心殿彩画形式，结合故宫现存清乾隆年间彩画，确定勤政殿及配殿采用清乾隆年间的和玺彩画形式，由王光宾画师绘制了式样。经专家讨论后，报北京市文物局审批通过。

(7) 基础的利用

采用现代科学手段，尽可能利用原基础和原构件。根据考古挖掘，自然地坪负1200mm深为500mm厚灰土垫层，按清工部《工程做法》灰土虚铺七寸，夯实为五寸一步，勤政殿约合传统做法三步灰土。灰土以下为碎砖石黏土夯实的地基。勤政殿的地基和基础垫层都是加大了放脚，既符合清工部《工程做法》的规定，也与现代结构计算相吻合。因此，原碎砖石黏土基层和基础灰土垫层继续使用。柱顶石下的磉墩和柱顶石之间的挡土墙，按原城砖白灰砌垒做法进行摘砌和补砌。台

图7.2-8　香山勤政殿（上）
图7.2-9　香山勤政殿内景（下）

明墙，保留表层内的背里墙，外皮按大城砖干摆三七缝做法重新砌垒。台明石已无存，重新添配，可利用的柱顶石全部使用。为使这一做法更具科学性，由香山公园委托北京市勘察设计院地基检测所，对使用的旧柱顶石和基础进行了垂直静荷载检测，按实际柱顶石承载力的1.5倍加荷值实验，最大沉降值仅为2.99mm，完全符合结构设计要求。

勤政殿南北配殿的设计与勤政殿设计方法相同，不再细述。

7.2.2 勤政殿的施工

勤政殿的施工，由北京市园林古建工程公司第五分部施工。主要参施人员是赵洪晨、赵金玉、胡国明、王永刚、薛玉宝、王光宾等人。

文物建筑复建修缮原则是“原形制、原结构、原材料、原工艺”。勤政殿的复建，首先要解决材料问题，没有材料，工艺和做法就无从谈起。

（1）复建的主要用材

1）瓦作用材

根据现存台明墙砖尺寸，确定勤政殿的砌垒用砖是大城砖。城砖是比较好解决的。勤政殿室内铺装是二尺方砖（640mm×640mm）。北方的砖瓦场，因土质原因烧制不了，国内只有苏州可以生产。因此，采用苏州陆慕御窑砖厂的二尺方砖。屋面用瓦，通常使用的1# ～ 3#瓦，尺寸过小，使用在勤政殿和配殿上不般配。因此，单独定制了勤政殿用的特号瓦和配殿用的头号瓦。勤政殿正脊高0.8m，吻高为1.63m，如此高的吻，黑活屋面极少使用，因此勤政殿及配殿的吻兽都是单独加工定制的。

2）石作用材

北京西山出产青砂石，俗称“小青子”，是“三山五园”中的主要用材，包括北京的很多古建筑及四合院民居石作都是用“小青子”，主要是“就近取材”，减少运输费用。香山静宜园除极个别建筑外，全部建筑用石材都是“小青子”，有些建筑还是“就地取材”的。勤政殿及配殿现存的石材，也全部为“小青子”。新中国成立后，因封山育林，“小青子”不再开采，加上运输便利，大都用房山石窝的青白石。勤政殿复建时，只有石景山区黑石头一家开采加工少量的“小青子”，用它的石材，以带料加工为主，于是，石活的加工制安分包给了“北京市金顶街雨云石料加工厂”，解决了用材问题。

3）木作用材

北京地区的传统木结构建筑用材是落叶松，俗称“黄花松”，木装修用材为红松。勤政殿和南北配殿，为全木结构，其中，勤政殿的檐柱，净高 4.16m，直径 550mm，16 根；金柱，净高 7.15m，直径 640mm，8 根；五架梁 550mm × 700mm × 8400mm。复建时找不到大径级的黄花松，只找到了一种进口的香樟，木材购进后便进行大木构件加工，在加工中发现，这种木材有许多横纹，然后进行了检测，结果是抗折强度不够，不能作为结构用材。为保证质量，将加工后的木构件全部废掉，改为他用，继续寻找满足结构用材的木料。通过多方寻找，在江苏连云港找到了一种进口的南非红木，也有称为“草花梨”的。这次是先取样本进行检测，抗压抗折等各项指标均达到了设计要求，好于传统的落叶松。因此，勤政殿及配殿主要梁架用材，都是进口的南非红木。

4）油、画作用材

油作和画作用材还都是传统的用材，如油作的砖灰、血料、桐油、生麻、赤金箔、库金箔等。画作主要用材是青和绿两种颜料，都采用矿物质颜料，如青（蓝）采用传统的群青，绿为进口德国生产的“巴黎绿”。传统的油画作材料，市场供应还是很充分的。

(2）传统工艺做法施工

传统的工艺做法，以现存的台明墙为例，做法是用大城砖“干摆三七缝”。“干摆”俗称“磨砖对缝”，将砍好干燥的五扒皮大城砖按层对缝摆好，每块砖后用石渣垫衬，称为“背撒”，摆好一层后，用粗砂石打磨上口，使其平直称为“杀趟”。“三七缝”，干摆砖时，要三个长身一个丁头，再摆一层时，丁头要在下一层三个长身的中间，这样丁头的后部与干摆墙内的背里墙结合成一个整体；传统工艺，用生石灰块，加水溶解成浆，趁热分三次灌入干摆的墙内，每一层砖要分三次灌浆，使每个砖的五个面都充满灰浆。

用热灰浆灌浆就是传统工艺，灌水泥砂浆就不是传统工艺了。为了传承，文物建筑的修缮复建还须按传统工艺做法施工。

传统工艺和做法在油、画作上体现的比较充分。如油作上的“搓光油”。“光油”是传统的“油漆”，光油加入颜色的称“颜料光油”。勤政殿复建工程，用的红色光油，传统的颜料光油应为大红（银朱）色，在“修旧如旧”的理念下，颜色都偏于铁红色，现代多用铁红色调和漆。勤政殿为更接近传统做法，红色光油色度在大红与铁红之间，为的是接近传统做法，又便于人们接受。竣工后下架的油饰颜色又红又亮，很多人还不能接受，现在都习惯了，但还不是纯粹传统的色调。“搓”，是刷涂的工艺，是用手拿着丝团，沾着光油进行涂抹，近现代都用油刷代替，勤政殿的复建还是采取“搓”的工艺，使光油与地仗结合地更为牢固。

图 7.2–10　勤政殿后檐干摆台明墙（上）

图 7.2–11　北配殿前檐干摆台明墙（下）

勤政殿复建，采取了“两色金”做法。“两色金”，是用赤金和库金两种金箔粘贴。赤金含金率为 74%，颜色淡而薄，库金含金率为 98%，颜色厚重。赤金因含金率低而易于氧化，贴好金后，还要罩上一层光油进行保护。这种做法给施工带来很大不便，两色金依据不同部位交替使用，贴错了还要重贴。赤金罩光油刷不到的地方很快就会变色，还要重新找补，非常繁琐。两色金的做法已经很少用了，勤政殿的复建采取了这种讲究的传统做法，再次展现这一做法华丽明快的特征。

（3）施工尊重历史和现状

勤政殿复建是属于边设计、边审批、边施工的“三边”工程。设计、审批、施工是同时进行的。

大木构件的加工是按报批设计图纸采购木材进行加工的。檐步使用大、小额枋及由额垫板，檐柱净高 4.8m，审批的檐柱净高为 4.16m，这样，因柱子矮，檐步只能使用单额枋，已加工好的大、小额枋与由额垫板就要废掉，加工好的金柱和檐柱都要截掉二尺（64cm）。北京市文物局审批的 4.16m 的柱高，是以“样式房图”上标注的勤政殿“檐柱高一丈三尺”的记载为依据的。为尊重历史，执行北京市文物局的审批意见，北京市园林古建工程公司下属华宇星园林古建设计所，重新绘制图纸，第五分部承担了木料和加工损失，使复建的勤政殿更接近原貌。

勤政殿的台阶，是参考颐和园仁寿殿台阶为三间连体台阶设计的，四条垂带两个象眼，按设计，台阶全部加工完成。当拆除清理现状台阶和散水时，发现是三个独立的台阶，原有散水保留完好，为此，次间将加工好的踏步，每步都要截去一段，增加三条垂带和四个象眼，恢复了历史原貌。

（4）降低成本，保证质量

第一次采购大木构件用材是香樟木，均已加工成构件，成为废料，将其再加工，改作成不受剪力的装饰用材。勤政殿及南北配殿的上槛、下槛、抱框、踏板都是香樟木，既保障了质量，又较少了损失。

传统斗栱用材，大都使用红松，取其不易开裂和变形小的特点，但红松的抗压强度低，承压很差，特别是角科斗栱变形严重。勤政殿梁架构件主要是南非红木，在木料加工时出了许多标皮和边角料。因南非红木的抗压抗剪强度都很高，又不易开裂变形，是非常理想的斗栱用材，为此用南非红木的标皮板和边角料制作了勤政殿及配殿的斗栱，既充分利用了木材，又使质量超过了传统的木材标准。

（5）保证工期的技术措施

勤政殿及配殿的施工，是从 2002 年 7 月开始的，竣工日期为 2003 年 6 月 30 日，工期只有一年，是定额工期的 50%。施工中因木材和柱高返工两次，影响了工程进度。为申办奥运和香山红叶节，架子共拆搭三次，预定的 2002 年要完成屋面工程未能实现，两配殿完成了主体建筑，勤政殿正殿只完成了大木安装，大部分工程量都压在了 2003 年，工期十分紧张。因此，采取了如下措施：

1）采用机械施工：大木安装和石活安装都使用了吊车。勤政殿的大梁长 8.4m，近 3t 的重量，如人工安装，不但费时费力，也不安全。为此，租用了 50t 的吊车进行大木安装，加快了工程进度，缩短了工期。此外，用卷扬机解决垂直运输。

2）2002 年，勤政殿只完成了台明和大木安装，2003 年 3 月至 6 月，120 天的时间内要完成屋面的苫背、宽（wà）瓦、墙体砌垒、木装修、吊顶、地面、台阶散水，还要完成全部油饰彩画工程。为了工期只能全面实施，交叉作业，最不好办的是殿内的交叉施工。正常施工，是待油饰彩画完成后再做地面，但此时等油饰彩画完工后就没有做地面的时间了。为此，公司总经理提出，利用柱顶石将满堂红架子撑起的方案，在老架子工顾永林师傅的指导下，第五分部经理赵金玉和项目班子实地研究，将满堂红架子的 86 个支点压缩至 64 个点，合理分配在柱顶石上，以柱顶石为依托承受上面传下来的荷载，保证了架木的安全性及可靠性。解决支点后，首层水平杆提高在室内地坪 2.2m 处，施工人员在架木下可自由操作，为不影响柱子地仗的操作，支撑立杆与柱子的最小距离是 30cm，也保证了油作的操作。架子搭好后，可缩短 28 个工作日，降低成本 12 万元，满足了油、画、瓦三个工种的交叉作业，按期完工，为香山公园布展奠定了基础。勤政殿复建工程采用的满堂红桁架式悬挑架木搭设技术，荣获北京市园林局 2003 年度科学技术进步二等奖。

图 7.2-12 勤政殿大木安装（左）
图 7.2-13 勤政殿屋面施工（右）

图 7.2–14　满堂红架子图（左）
图 7.2–15　满堂红架子图（右）

(6) 付出回报精品

勤政殿复建工程是当时国内复建的单体最大的木结构建筑，是香山的门面，是静宜园二十八景之一，又是迎奥运的精品示范工程。作为北京市园林古建工程公司，要做出一个精品，就要付出，倾全公司之力来完成。

级别高的建筑，台明石的长度要和开间一样，这是最讲究的传统做法，开间过大时，台明石的长度可小于开间。勤政殿明间开间为 6.19m，台明石尺寸定为 6.19m × 0.3m × 0.9m，设计对台明石的尺寸没有要求，也没有保存下来的实物，可以不按开间定台明石长度。为出精品，施工方决定，按开间定台明长度，明间的台明石一块就重达 4.5t，从石料的开采、加工、运输和安装，是费工费力又费钱的。从这一点来看，为出精品，施工方是不惜付出的。

勤政殿和配殿均为两色金的金龙和玺彩画，贴金量居各种彩画之首。贴金是技术要求最高的油工工序，技术不娴熟贴的金不亮，有的甚至起皱，还很浪费金箔，为保证质量和工期，北京市园林古建工程公司将内退和已退休的部分技术熟练的老油工请了回来，进行勤

图 7.2–16　勤政殿内檐架子搭设获奖证书

北京市园林局科学技术成果推广奖

荣誉证书

二等奖

TG-2003-2-03

图 7.2–17 勤政殿外檐彩画

政殿的贴金工作，使贴金工艺达到了优质，是举公司之力的结果。

（7）技术经验得以推广和应用

勤政殿复建工程，是国内第一家使用进口南非红木材的，此后这一材料被广泛使用在文物建筑修缮和复建工程中。如，天坛神乐署凝禧殿更换的木柱，故宫体仁阁更换的柱子和梁架，都是进口南非红木。圆明园正觉寺复建工程中的三圣殿，建筑面积 900 余平方米，是国内复建的单体最大木结构建筑，梁架和斗栱也全部采用了南非红木。

勤政殿以柱顶石为支点的满堂红架子搭设技术，最早被推广应用在天坛神乐署的修缮工程上。自此，在许多工程中，为保证工期，需交叉作业时，都使用这种架子搭设技术。

（8）春华秋实

勤政殿复建工程，在第五分部和项目班子全体人员的努力下，在北京市园林古建工程公司的支持下，精诚团结、细心管理、细致施工，保证了安全，打造了精品，按期完成，于 2003 年 7 月工程竣工验收，荣获了“2003 年度北京市安全文明工地”和“2003 年

北京市建筑长城杯工程金质奖证书

北京市园林古建工程公司

你单位 承建的香山公园勤政殿复建 工程

评为 二OO三 年度建筑长城杯金质奖工程。

编号：（成）公26

北京市优质工程评审委员会

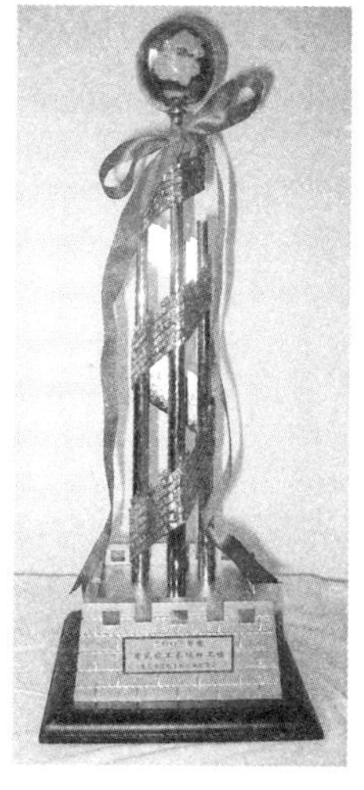

图 7.2–18 长城杯金奖证书（上）

图 7.2–19 长城杯金奖奖杯（下）

度建筑长城杯金质奖工程”荣誉。长城杯奖是北京市文物建筑修缮和复建工程中的第一例，而且是金质奖，足以证明勤政殿是一项优质工程。是大家共同努力的结果，离不开原北京市园林局和北京市文物局的支持，袁鹏处长亲临现场，坚持每周主持一次工程例会，王玉伟处长给予关注，严格把关；耿刘同、王仲杰、赵崇茂、孙占山等老专家，多次亲临现场指导、论证，都倾注了大量的心血。勤政殿复建工程，在阚跃、王鹏训两任园长的关注下孕育的花蕾，经张燕生副园长和陈庆民、李铁生、周明、叶培伟等科长队长和技术人员具体实施、监理和管理下，结出了硕果。

7.2.3 布展

勤政殿复建工程，是和布展同步进行的，设计施工与布展同步进行，紧密配合，在 2003 年国庆节和红叶节到来之际，将一个完整的静宜二十八景之一的勤政殿展现给游人，取得了极好的社会效应。

7.2.4 几点体会

（1）建设方有专业管理人才

勤政殿复建工程没有请监理公司，是由香山公园自行监理的。香山公园管理处下设基建科和工程队，基建科负责项目的前期，工程队负责项目的实施。勤政殿工程的监理是由香山公园工程队完成的。工程队负责木作的江东辉与负责瓦作的李德胜和高广忠，业务上都是非常精通的，事业心强，工作上一丝不苟。勤政殿成为精品工程与香山公园专业技术管理人才的监督管理是分不开的。

（2）体制的优越性

香山公园管理处和北京市园林古建工程公司，同为原北京市园林局的下属单位。施工方以园林局下属公园工程为主，不是以盈利为目的的施工企业，是以讲政治，讲社会效益为目标的。施工时，把工程当成自己家里的事来办，是不计较成本的，考虑的是百年大计、千年大计。如施工中施工方承担的香樟木的损失，利用南非红木标皮和边角料改做斗栱用材等，特别是台明石，在设计没有要求的情况下，施工方自行决定台明石长度同开间，还加宽了台明石头的宽度等。有的施工企业，为追求利润最大化，修改设计的情况非常普遍，如某世界文化遗产和全国重点文物保护的项目，将原有薄而长的砖，用厚而短的砖更换了原全部文物建筑用砖，增加了投资，利润大了，但文物建筑原状改变了；有些彩画工程偷工减料，青绿两个大色竟用涂料替代。勤政殿复建工程成为精品工程，是与体制分不开的，也是“三讲”活动结出的一颗硕果。

（3）施工方三级管理的保障

北京市园林古建工程公司下设分部，分部下设项目部，与公园管理处下设基建科和工程队是相对应的。是几十年形成的一种非常好的管理模式。现在的施工企业都是在公司下直接设项目部的二级管理，且项目部都是临时的，一项目一设置，由项目经理组建班子直接对公司承包，就一个项目部而言，力量还是有限的。北京市园林古建工程公司的三级管理，项目部主要是现场管理，大量工作在分部上，公司是强大后盾，遇重点工程，由公司调配人员，加强力量，可以举公司之力。勤政殿之所以获得精品工程，与公司的三级管理体制分不开。

（4）设计施工一体的优越性

特别是文物建筑的修缮和复建工程，设计施工一体的优越性更大。传统的古建筑修缮复建工程，都是建设方找施工方做方案进行报价的。施工方将有经验的各工种老师傅召集起来，实地踏勘，进行研讨，制定方案，编制预算，报送建设方审定，根据建设方的意见和投资进行修订后实施。文物建筑修缮与复建工程，自 20 世纪 80 年代末开始设计与施工分离。设计人员都是有文凭有职称的专职人员，修缮和复建设计很少有老工匠老艺人的参与。设计的图纸大都与实际不符，施

图 7.2-20　配殿内檐装饰

工队伍进场后需再补充完善，有的则是先施工后补图。勤政殿的复建工程是设计与施工同步进行、紧密配合完成的，公司的工匠参与完善了设计。如木材的选购是由施工方完成的，包括木材的检测工作，为设计提供了依据；斗栱使用南非红标皮和边角料是典型的工匠建议，彩画的设计是公司聘请彩画专家王仲杰指导第五分部画工完成的。在这么短的时间内完成一个精品工程，设计施工一体，减少了许多扯皮协调的环节，使工程顺利完成，是群策群力的结果。

(5) 施工与布展同步进行

勤政殿复建工程与室内外布展是同步进行的。在复建设计时就确定了使用功能，设计时就考虑了布展的需要，如电源在台明施工时就将电源引入殿内。南北配殿，清代是大臣们停留候旨的地方，过去室内的装饰，顶棚、下架和墙面是裱糊蜡纸的，复建前决定配殿为展室，为适应展室的需要，吊顶做了硬支条天花，下架进行了油饰，墙面刷白色内墙涂料，为布展创造了适宜的空间。

(6) 文物建筑修缮复建工程要有合理工期：文物建筑修建与复建工程应以科学发展观为指导，尊重传统工艺做法的客观性，给出合理的工期。勤政殿在一年的时间内按期保质地完成了，见证了施工方的实力，创造了文物建筑复建的奇迹，但也留下了一些遗憾。如，勤政殿和南北配殿内檐都没有下身墙，按传统做法，内外檐下身墙做法是相同的，同为大城砖干摆三七缝。刚开始砌墙时，公司总经理发现这一问题，与第五分部进行专题商讨，因砖的用量大，购买加工时间过长，必定影响工期，无奈，为保证工期，继续按设计施工，留下了遗憾。

（香山公园管理处供稿，杨宝生、李国红执笔）

7.3 北海琼岛延楼建筑群修缮工程

北海琼岛长廊修缮，属于古建维修中的落架大修工程，并且翻建基础，具有一定的典型性。问题的发生，主要由基础部分临近水面，冬季冻胀所造成，特别是圆形琼华岛正对西北风的承受弧面部分，尤为严重。冻胀效应并非一年就产生对大木梁架有可见的影响，年久始可显露，此次制定修缮方案时，引证分析始建250年来的档案记载，造成这种现象已非一次，可见建筑所处位置与周边条件关系密切，也说明了古建筑基础部分检修维护的重要性。

7.3.1 项目概况

北京有两座被称作长廊的建筑，一为颐和园长廊，单层廊式建筑，绵延七百多米，其长度首屈一指。另一座即为北海琼华岛长廊，其名实为“延廊”，是延楼古建筑群的外围部分，受地形的限制，延廊长仅一百八十余延米，与颐和园长廊相比，要短出许多，但北海长廊凭借其悠久的历史、特殊的地理位置以及巧妙的设计意匠，使之虽短，却能闻名于世。

位于北京市中心的北海，是我国也是世界上现存历史最悠久、建

图 7.3–1　北海长廊风光

筑格局最完整的古代皇家园林，其前身为金大定六年（1166 年）始建的大宁宫，[①]作为金代帝王的离宫，是盛暑时国家的政治中心。元太祖十八年（1223 年），成吉思汗将琼华岛赐予丘处机作为道院，[②]中统二年（1261 年）忽必烈重修琼华岛，作为朝觐接见之所，成为元初重要政治活动中心[③]，并以太液池为中心兴建元大都，更奠定了后来明清北京城的基础，北海由此成为古都北京的历史核及生态核。

位于北海中心区的琼华岛作为“太液池”三仙山之一“蓬莱”的化身，在明代扩建太液池后，因圆坻、犀山合并为半岛，而成为太液池中惟一的岛屿。然而，乾隆初年的琼华岛上，除白塔外，了无建置，一派天然山林景象，虽具仙岛之意，但却无法烘托出盛世气象，因此在乾隆十六年至十八年间集中营建了琼华岛。

在三年多的大规模营建琼华岛的工程中，由于“仙山”琼华岛的地势条件甚合来自于藏传佛教的“曼荼罗图示”的意境，因此在营建琼华岛的总体平面布置上，以白塔为核心向四面展开，南坡的永安寺作为琼华岛上的藏传佛教寺院，严格地按白塔的轴线对称布置其台地式的院落平面；东坡由于与北海陟山门邻近，视线较短，仅以“半月城——智珠殿”这一组体量不大的城台建筑强化东侧轴线；西坡则以琳光三殿为主体营造西立面轴线，并缀以阅古楼、亩鉴室向北坡过渡。以上琼华岛东、西、南三个立面轴线虽有意强化，但还是以建筑、植物、地势等方面的有机结合为表征呈现，而北坡的营造则主要凭借延楼这组大体量的建筑群而实现，因其与琼华岛其他三面不同的是北面辽阔的水域，烟波浩渺之后更有北海北岸几组密度高、体量大、形式丰富

---

① 《金史·张仅言传》：“（大定）六年，提举修内役事……护做大宁宫。”又《金史·地理志》：“京城北离宫有大宁宫，大定十九年建。后更为‘寿宁’，又更为‘寿安’，明昌二年更名为‘万宁宫’。”

② 《日下旧闻考》引《陈时可长春真人本行碑》：“……行省又施琼华岛为观。丁亥五月，有旨以琼华岛为万安宫。”又“（丘处机）每斋毕，出游故苑琼华之上，从者六、七人，宴坐松荫，或自赋诗，相次属和。闲因茶罢，令从者歌《游仙曲》数阙。夕阳在山，澹然往归。由是行省及宣差札八相公：‘北宫园池并其近地数十顷为献，且请为道院。’师辞不受，请至于再，始受之。即而又为文颁榜，以禁樵采者，遂安置僧侣，日益修葺。后具表以闻上，可其奏。自尔佳时胜日，师未尝不往来乎其间。”

③《辍耕录》卷二十一。

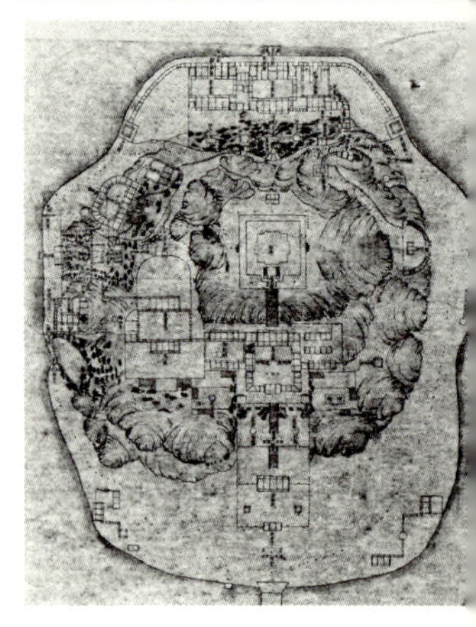

的寺院及园林院落隔水相望，因此在处理琼华岛北坡时，没有再刻意强调轴线，而是沿山麓建起可以环顾北海北岸景色的月牙形双层复廊即延廊，贯通琼华岛北坡湖岸线，并分别以倚晴楼、分凉阁为端点，与东、西坡建筑群笔断意连，将北坡山形掩隐于重重屋宇之下，高耸的白塔雄踞峰巅，被散缀于北坡的若干小型建筑映衬如“众星拱月”一般，恰似乾隆《塔山北面记》所描绘的“南瞻窣堵，北俯沧波，颇具金山江天之概”，成为西苑造景的重心，淋漓尽致地展现出其取法道家的“蓬莱仙境”，佛家的“曼陀罗图示”，乃至儒学思想等多层次文化之美，更为国都胜景凭添壮观气势。

北海延楼古建筑群位于琼华岛北麓，始建于乾隆十六年（1751 年），建筑群东起于著名的燕京八景之“琼岛春荫”一侧的倚晴楼，西止于分凉阁，总长度为 186 延米，呈带状包围着琼华岛北坡景区，总建筑面积约为二千平方米。建筑群平面呈现存古代建筑实例较少的“倒座”形式，坐南面北布置，南倚塔山、北临太液池，是北海也是北京现存古代最大的临水园林景观建筑群。

长廊是延楼古建筑群临水一侧的外围建筑，包括倚晴楼、东北段延廊、碧照楼、远帆阁、西北段延廊及分凉阁六个部分。其中作为延楼建筑群的东、西端起止点的倚晴楼、分凉阁，下层是城关式基座，上建有重檐攒尖顶方亭各一座。

延廊近水，距湖岸仅 2m 余，是延楼建筑群最重要的组成部分，楼两层，灰筒瓦顶，正面（北）下层单面出檐灰筒瓦顶，南面为平座，方砖挂檐。上层正面装有横楣及寻杖栏杆，背面木坎墙、推窗。木楼板上铺方砖地。下层正面（北）装横楣坐凳，背面（南）砖坎墙、推窗。共 65 间，分三段由东向西排列。延廊

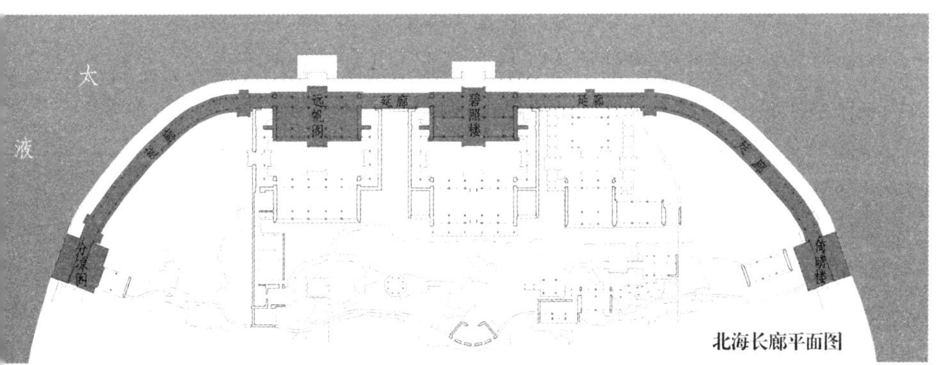

上页：
图 7.3–2 曼陀罗图示（上）
图 7.3–3 琼岛平面（中）
图 7.3–6 依晴楼立面图（下）

本页：
图 7.3–4 北海长廊平面图（上）
图 7.3–5 延楼正立面实景图（下）

的剖面是远帆阁、碧照楼前檐廊步的延伸，大木构造与重檐建筑廊步极为相似。延廊内侧柱子为通柱，一层部分为圆柱，二层以上变为梅花柱，延廊外侧两层各设有独立檐柱。一层由抱头梁、随梁连接内外侧柱子，抱头梁上有墩斗，此为二层梁架之起点，墩斗上坐有二层外侧檐柱，柱形为梅花柱；二层檐柱之间有承椽枋相连，承椽枋上方有进深方向放置的承重梁承托平座；顶层梁架由四架梁、月梁组成。延廊这种双层复廊的形式，构造本身并不复杂，但在现存的古建筑实例中非常少见，而且它在继承所有中国廊式建筑特点的同时，更拓展和丰富了廊式建筑在建筑学方面的运用。延廊是一条连通着倚晴楼、碧照楼、远帆阁及分凉阁的纽带，在起到观景和交通组织等功能的同时，通过其单面复廊对延楼建筑群的围合环抱，形成了一个有效的“屏障”，在延楼内部成功营造了“小气候”，使得隆冬时节本该阴冷荒芜的琼岛北坡有着“盆地”般舒适的环境，是中国古代营造技术中“因地制宜”的成功典范。

远帆阁、碧照楼为延廊中间部位的两座节点建筑，楼二层，卷棚歇山式屋面，面阔5间，其中碧照楼为进入延楼院落的主要通道。两楼二层均有爬山廊与延廊相联，通过二层廊步与延廊二层相贯通，使延廊上层通行无阻，与此同时，因楼与廊的连接，两座楼宇与延廊形成了和谐统一的外观效果，整体感非常强烈，并通过楼宇与延廊的屋面高低之差异，形成了极富韵律感的建筑轮廓线，一改中国传统建筑群落中惯用的强调纵深感的处理手法。而且用如此简单的建筑形式营造出如此丰富的景观效果，此种手法也是非常值得深入研究和探讨。

另外，在屋面的处理上，长廊也充分地利用了园林建筑灵活多变的特点。以远帆阁、碧照楼为例，由于建筑内部无法容纳可登至二层的楼梯，因此在建筑两山各出偏厦一间作为楼梯间。偏厦屋面的处理极富创意，偏厦的垂脊起于楼宇二层歇山顶两侧的博脊，随山面屋檐而下直至院落围廊，由于需要随两种不同

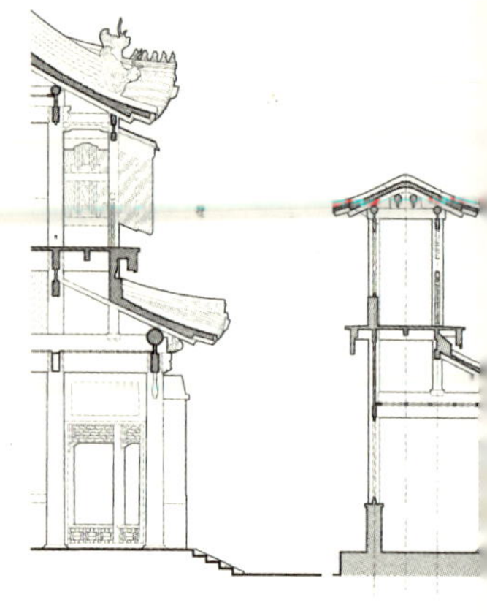

本页：

图 7.3–7 远帆阁与延廊剖面对比示意图（上）

图 7.3–9 远帆阁碧照楼（下）

下页：

图 7.3–8 北海延楼单间正、背立面图

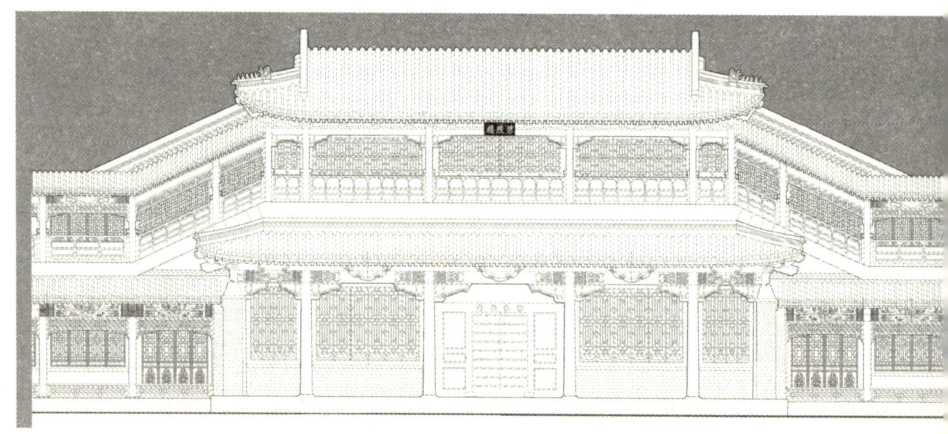

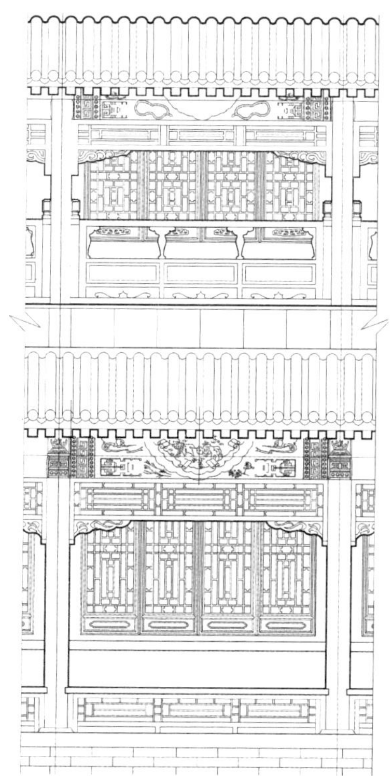

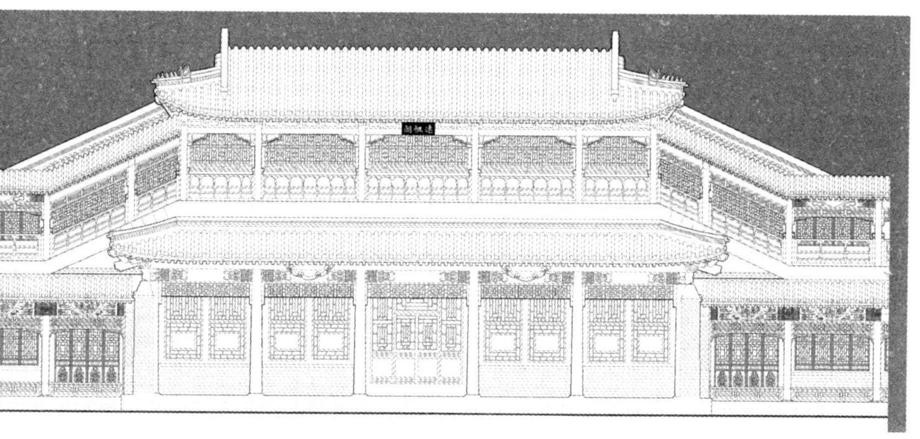

图 7.3–10 远帆阁屋面（上）
图 7.3–11 活泼的组合屋面系统（下）

的屋面坡度，因此在上层檐口位置运用了类似“反宇”的手法，在北京地区非常少见。

7.3.2 现状勘查与病害分析

北海长廊自建成以来，共历大修三次，其余均为小规模修缮以及现代化基础设施改造，但由于当时的文物修缮理念的局限性以及经济方面的原因，古建筑本体健康状态不佳。自仿膳饭庄进驻经营后，水、暖、电、气等设施的置入，更为本已不堪的长廊建筑群雪上加霜。

我园自 20 世纪 90 年代，已开始密切关注长廊建筑群的健康度，并于 1994 年委托中国兵器工业北方勘察设计院针对北海长廊地质情况进行摸底，最终形成了《北京北海长廊工程地质勘察报告》（以下简称《地质勘察报告》），为日后对威胁北海长廊建筑群主要病因的研究与分析打下良好的基础。

随着北海长廊建筑群健康状态的不断恶化，2003 年 3 月，我园委托长期研究北海的天津大学王其亨教授等 12 人赴现场对北海长廊建筑群进行了详细调查及必要的测绘，其后梳理有关历史文献，咨询 1949 年以来相关修缮工程当事人员，并结合 1994 年中国兵器工业北方勘察设计院的《北海长廊工程地质勘察报告》及 6 月间开挖的基础探坑等进行分析，对长廊建筑群的残损、病害情况及其原因形成了较为系统、深入的认识，而后在此基础上完成了长廊建筑群现状勘察报告。

北海长廊建筑群现状勘察中，比较普遍的问题是建筑群地基基础（包括柱础、台明、城台和驳岸等）不均匀沉降和横向滑动；由于基础受损导致台明变形，阶条石、柱础沉陷、位移，并且台明四周散水普遍残坏，地面拱起，因此在之前的修缮中绝大部分地面已被改为水泥抹面或水泥砖砌筑。台明情况变坏，带动柱、梁大量沉降歪闪、拔榫，更直接影响到椽望变形，致使屋面开裂渗漏，大量瓦件缺失。屋面的渗漏加之油漆彩画地仗大量剥落，不少柱、梁、椽望及隔扇糟朽严重。墙体也因木构架变形而走闪，并风化酥碱，在之前的不当修缮中，大量已风化酥碱的墙体同样以水泥抹面替代了剔补做法，改变了文物原貌。再有就是由于使用功能的改变，仿膳饭庄的商业经营，门窗隔扇及室内天花等装修被普遍改动，大量电线裸露，并添建了诸多附属建筑及露明管线设施。既导致了文物原貌的严重破坏，也形成了因排水不畅而加剧不均匀沉降以至火灾等重大破坏性隐患。

除因修缮不当、商业经营等人为因素导致的文物原状的改变而外，长廊建筑群的残损病害主要由以下诸因素造成：

- 冻胀破坏

根据气象数据及地质勘测结果分析，建筑基址地下水的水位几乎与湖面等高，冬季冰冻周期长达 4 个月以上，地面以下冻结深度达

800mm 左右，其中尤以西北段延廊最为严重，加上建筑群背山临水的特定位置，形成了指向湖面的巨大冰冻力。

按现状调查及稽考有关文献记载，咨询 1949 年以来相关修缮工程人员，并结合地质勘察进行分析，自乾隆十六年始建以来，这一重要破坏因素始终未能得到彻底解决，因而导致二百多年来历经修葺而屡修屡坏的被动局面。

事实上，在乾隆十六年北海长廊建成后，历时仅 26 年，就因此形成了严重的损害而被迫落架重修，如乾隆四十二年（1777 年）六月十四日奏案指出：

除碧照楼及远帆阁仍坚固外，延楼其他建筑均经修整加固，远帆阁西边游廊二十一间，外面檐柱向里面歪扭自八分至五寸不等，柱顶石亦有沉陷自五分至二寸者，必须拆卸头停，将大木挑牮拨正，并拆砌里面檐墙及两面台帮，始得一例整固。

此后到光绪朝，在同样经历了这样的损害后，又被迫落架重修，如光绪十四年（1888 年）六月二十一日档案：奉旨：北海长廊业经拆卸，照旧修整。

值得指出的是，现状调查的情况实际仍基本类同乾隆四十二年的状况，在延楼建筑群中“除碧照楼及远帆阁仍坚固外……远帆阁西边游廊二十一间，外面檐柱向里面歪扭……柱顶石亦有沉陷”。

其中，除台明、阶条、踏跺而外，碧照楼及远帆阁的主体建筑结构基本上没有明显的沉降或走闪。东段延廊的沉降和走闪也较轻微，而西段延廊沉降和走闪则相当严重，相应的大料石（花岗石）驳岸及

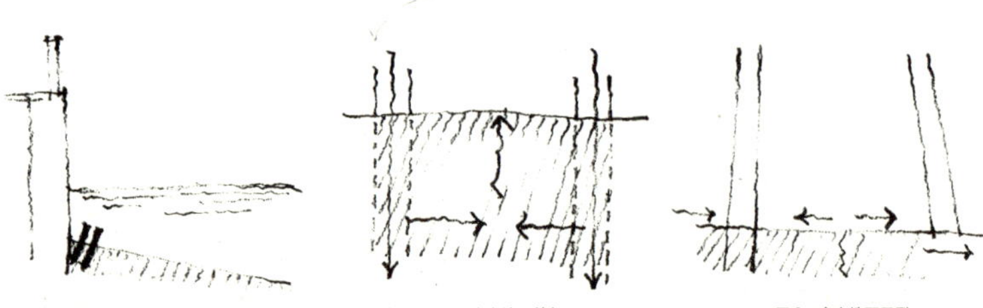

图 1　柏木桩歪斜，护石缺失　　图 2　廊内地面鼓起　　图 3　廊内地面开裂

图 7.3–12　延楼基础病因分析示意图

上部望柱栏板也向湖心严重鼓闪，驳岸下部的柏木桩明显向湖心倾斜，护岸石普遍缺失。这些病害情况明显由于严重的冻胀破坏所导致，其中，二百多年的冻融循环和西北面的寒风、波涛等侵蚀因素尤其加重了西段延廊的病害。

● 传统技术缺陷

考察已开挖的基础探坑表明，面对严重的冻胀破坏因素，长廊建筑群所采用的传统技术，尤其是基础的处理，实际存在着明显缺陷，也是导致北海长廊建筑群相关残损病害的主要因素之一，其中尤以西段延廊最为明显。

面对指向湖面的巨大冰冻力，碧照楼及远帆阁因建筑自重较大，基本上没有明显的沉降或走闪；而东、西两段延廊则由于地势偏狭，以及古建筑构造上的一些限制，严重制约了延廊进深方向的尺度，形成了“瘦高”的廊楼结构，稳定性较差，加之自重较小，内外檐柱间没有可加强基础整体性的砖砌拦土墙，灰土基础也没有采用整体性最强的小夯灰土做法，尤其是西段延廊，二百多年的冻融循环，致使冻结深度以内的夯土基础和砖砌磉墩均已酥碱松散，因而难以抗拒冰冻力作用，更有北京地区冬日持久而强劲的西北风侵袭，最终形成了十分严重的沉降和走闪。而且由于修缮不当，如地面开裂，墙体酥碱采用砂浆或混凝土修复，破坏了建筑原貌。

7.3.3 针对病害的应对措施设计

北海长廊建筑群现状勘察结果表明延楼古建筑群残损情况严重，应及时对其进行大修，以确保古建筑安全。依据《地质勘查报告》以及《现状勘察报告》，经细致、深入的研究与分析，天津大学完成了北海长廊建筑群修缮工程设计方案。此方案的编制，既兼顾传统又有所创新，尤其比较有特点的是针对延廊主要病因的应对措施设计。

北海长廊建筑群建成至今二百余年，但它的残损程度较园内其他同时期的建筑严重得多，究其原因，主要是一直没有妥善处理好延廊的基础。为了彻底解决北海长廊长期遭受冻胀破坏这一根本问题，

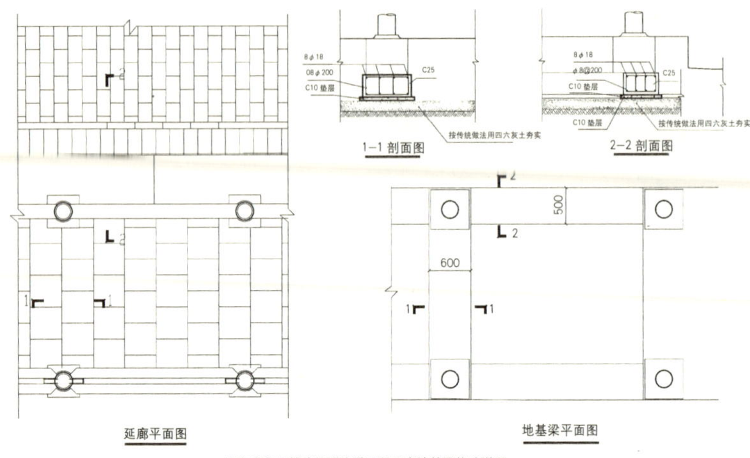

图 7.3–13 延廊地基梁构造图

天津大学提出了利用现代工程技术手段弥补传统技术缺陷的思路。

具体做法为对远帆阁至分凉阁段延廊实施落架大修，落架后，拆除现有台明及灰土基础，继而采用整体性较好的小夯灰土做法，按四六灰土比例沿柱网设置灰土基础层，在灰土基础上打 C10 混凝土垫层一步，并沿柱网加设钢筋混凝土地基梁。这样就由钢筋混凝土地基梁与灰土基础最终形成了可以抵御冻胀破坏的刚性整体基础。在加设钢筋混凝土地基梁的同时，针对泊岸因冻胀及整体沉降歪闪影响，严重鼓散的问题，还应将泊岸条石归安，并补齐被湖水冲散护岸抛石，加密向湖心歪闪的桩基，以恢复泊岸的整体稳定性。

7.3.4 修缮施工

2005 年 7 月 18 日，北海琼华岛古建筑大修正式启动，北海长廊修缮作为北京市政府重点工程以及“迎奥”工程的琼华岛古建筑大修工程的分项工程迎来了自建成以来规模最大、最为全面彻底的一次修缮。工程历时 16 个月，于 2006 年 11 月竣工。

长廊建筑群所受的破坏，主要是由于外因所致，方向性特征比较明显，因此建筑的残损情况具有同样明确的方向性。长廊自远帆阁至

图 7.3–14　延廊彩画（上）
图 7.3–15　延廊一（中）
图 7.3–16　延廊二（下）

倚晴楼一段，由于其东北方朝向以及面向的水域相对狭小，避开了大部分包括冻胀破坏、西北风引起的外力作用，残损情况较轻，基础、木构架保存基本完好，这部分建筑的修缮主要内容是挑顶揭宽及大木整修；而远帆阁以西的西北段延廊由于面向外力的作用方向，残损情况十分严重，需落架大修。

北海长廊建筑群大修进展顺利，其间无重大设计变更出现，这得益于修缮前期对建筑现状细致的勘察、全面深入的病害分析以及合理的应对措施设计。在延楼古建筑群修缮施工中，通过多方的密切配合以及科学的施工组织与管理，克服了因场地狭窄、建筑密度大、结构复杂，尤其是长期占用建筑群的仿膳饭庄的营业所造成的困难。

在延楼古建筑群的修缮施工过程中有以下突出的特点：

（1）北海长廊西段延廊落架大修

北海长廊西北段延廊是本次修缮的重点，同时也是 2005 年北海、天坛、颐和园三大古建筑修缮工程中规模最大的落架大修项目。

由于地势的原因，长廊平面呈不规则弧状展开，廊子的开间尺寸不统一，最大开间为 2746mm，最小为 2438mm，其余开间尺寸均在此范围内调整。平面柱网纵向轴线延长线的交点不在同一圆心，柱与柱之间的夹角都有所不同，就此也感叹于古代工匠对于园林建筑工程把握之精妙、运用之自如！但是，这种不受拘束的平面柱网分布手法却为西北段延廊落架大修施工带来了困难，首先，延廊常年受冻胀影响，基础部分破坏严重，致使台明走闪，柱顶石位移，大木构架随之变形，尤以前后排柱脚位移最为明显。这就直接造成了除西北段延廊两端与远帆阁、分凉阁连接部分外，其余各间都不好确定柱子准确位置的局面。另外，由于延廊内侧柱子是通柱，一层部分为圆柱，二层平坐层以上变为梅花柱，因此柱子归安对方向性极为敏感，所以平面柱网的准确性，决定了后排通柱方向的精准度。就以上技术问题在施工前，设计方协同施工方做了大量准备工作，首先是细化测绘图纸，把现状尺寸摸准，在此基础上比较每一缝梁架的变形情况，并摸索出梁架变形的普遍性规律，比较的结果如（延廊沉降分析图）所示，基础台明受冻胀影响，廊心地面开裂并拱起，台明由于没有约束，带动柱顶石及柱脚向内、外两侧位移，由于受一层抱头梁和平座下承重梁约束，二层梁架以 A、B 点为轴向外侧倾斜变形，因此推测 A、B 点的位置应该是相对稳定的。通过对于每一缝梁架 A、B 点位置的再次复核，发现结果与推测相符，最终确定以梁架上 A、B 点位置的垂直投影点作为西北段延廊柱网的放线依据，并由后排柱子左右相邻的两根柱子的连线作为确定中间那根柱子二层梅花柱朝向的依据。

西北段延廊虽构造并不复杂，但由于每一间廊子的走向及面阔尺寸大小不一，因此在落架前，充分地

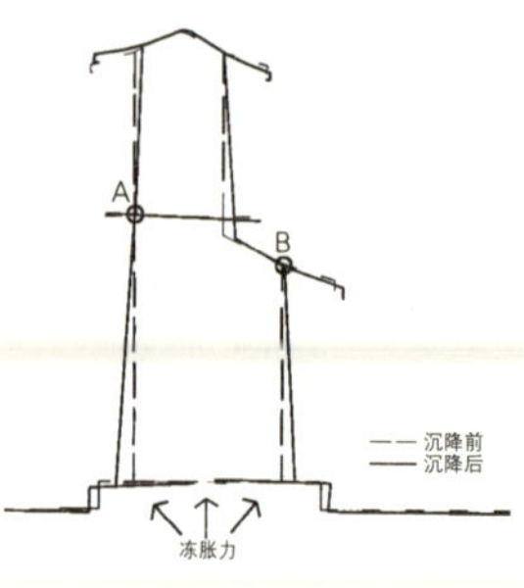

图 7.3–17　延廊倾斜沉降分析（上）
图 7.3–18　延廊二层落架（下左）
图 7.3–19　延廊平座下梁架（下中）
图 7.3–20　延廊原水泥地面（下右）

从上至下，从左至右排序：

图 7.3–21 清理原有基础

图 7.3–22 码磉墩

图 7.3–23 掐砌拦土

图 7.3–24 水泥砂浆垫层铺墁

图 7.3–25 基础钢筋绑扎，地梁支模板

图 7.3–26 浇筑完成后的地梁

图 7.3–27 夯实回填土

图 7.3–28 柱顶石归安

图 7.3–29 一层大木架归安

图 7.3–30 苫灰背（上左）
图 7.3–31 延廊地仗（上右）
图 7.3–32 瓦面调脊（下）

熟悉延廊的构造做法以及落架时逐一对木构件认真翔实的记录和编号是本次修缮的重要环节，为工程得以顺利进行打下了良好的基础。

（2）长廊彩画

古建彩画是建筑最华丽的“衣裳”，同时也是保护木构件比较有效的传统工艺。廊式建筑大部分木构件都是外露的，有着比一般传统建筑更多绘制彩画的表面积，因此廊式建筑是展示我国彩画艺术很好的载体。如颐和园长廊，从建筑本身来说，其最大特点应为其长度，但实际上对它赞美最多的还是在于它内容丰富、绘制华丽的彩画艺术。北海的长廊也有着类似的特点，而且更为特殊的是，虽同为长廊，但北海琼岛长廊是双层的廊式建筑，同样的长度单位会比单层的廊式建筑多出近一倍的绘制彩画的表面积，因此效果显得更为华丽精美，与端庄朴素的白塔，以及琼华岛北坡郁郁葱葱的植物共同描绘出中国传统造园艺术最美的画卷。

长廊建筑群的彩画以苏式彩画为主，现存彩画题材广泛、内容丰富，但都已非原迹，所有彩画均为 1972 年长廊修缮时，按周总理的指示，以传统式样和技法绘制，迄今亦有三十余年，深入人心，具有重要的历史价值。但由于建筑主体的残损，长廊彩画也遭到了严重的损坏，虽大部分彩画还依然清晰可见，但地仗情况较差，很多部位由于木构架变形，地仗龟裂、脱落，已无法满足再利用的要求，且由于西段延廊须落架大修，因此在不掌握更为可靠的历史原状彩画信息资料的情况下，以尊重历史、尊重现状为基础，长廊彩画修缮方案为现状重绘。

在本次长廊彩画修缮工程中，仅更改了几幅包袱彩画的内容。这些彩画具有共同的特点，都是类似于西洋式的风景油画，不管是技法、笔触、色彩，或是透视关系都无法与相邻梁架上的彩画相协调，因此在考虑整体气氛的前提下，被替换为传统式样、内容和技法绘制。

苏式彩画是一种贴近生活的彩画艺术，是建筑艺术、民俗艺术、绘画艺术的完美融合，因此对画工的专业素养要求很高，尤其是彩画修缮施工中，画工对原彩画风格、技法的认知、理解以及把握的水平，决定了修复后效果的成败。为此，长廊大修的彩画施工，为了追求最大限度的原真性，以及最佳的视觉的效果，在工程前期就打下了良好的基础，首先是精心挑选画工，并按其所长分配绘制任务。在原彩画揭除前，留有足够的时间，组织画工对原彩画有针对性的熟悉、加深认识，以实名制为原则，认真完成自己任务区内对原彩画的描拓，并请有关专家把关，确保最终得到忠实原状的画样。另外，在此阶段拍摄完整、清晰的原状彩画影像资料也是成败的关键。

苏式彩画施工，由于长廊一层梁架较低，彩画与游人之间视距很近，因此要求彩画绘制异常精细，施工难度大，而且受人为因素的影响也很大。对此，由各方人员组成一个彩画监制小组，通过巡视、旁站对每一环节进行把关，对彩画修复施工的质量控制工作意义深远。长廊彩画修缮施工的重点是包袱的绘制，为了保证新绘彩画与原作不

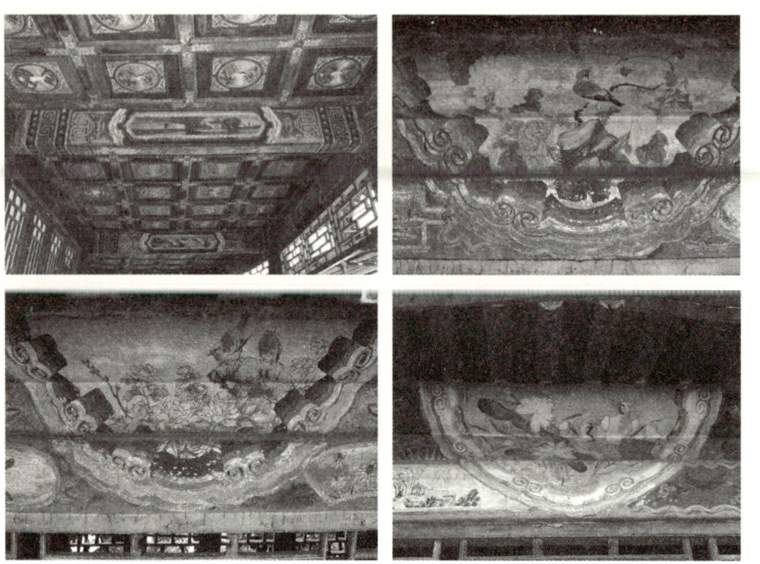

图 7.3–33　长廊枋心彩画（上左）
图 7.3–34　长廊包袱彩画一（上右）
图 7.3–35　长廊包袱彩画二（下左）
图 7.3–36　长廊包袱彩画三（下右）

走样，彩画的绘制工作均由描拓原画样的署名画师进行，施工过程中不得随意更换。并且在绘制过程中严格要求画师忠实于原作，禁止任何形式上的个性发挥，以最终得到“原汁原味”的延廊彩画。

（3）原大木构件的再利用

北海长廊建筑群在长期循环冻胀破坏的影响下，大木构件变形、糟朽的情况十分严重，其中最为突出的问题是木构件的挠度变形，部分构件变形达到了十几厘米。基于“对建筑本体最小扰动”以及古建筑修缮“四原则”的修缮思路，针对这一问题制定了除因木构件残损，无法保证结构安全，必须更换之外，其余构件均须原构件、原位置安装的原则。因此在长廊修缮中，除充分运用了常规的挖补、墩接、包镶等整形加固技术外，还使用浸泡式大木构件矫正工艺。此工艺其实在古建筑修缮中应用十分广泛，只不过在长廊修缮中，有着“临水”这一得天独厚的便利条件，因此效果、效率均十分显著。这一工艺主要是利用木构件在水中浸泡后，木材细胞壁含水率提高，使木质纤维恢复弹性，以便于矫正木材弯曲度的原理。具体做法为对木构件表面除尘去污后，置

图 7.3-37 延廊彩画施工中

于搭建于湖水中的浸泡池中浸泡，待木构件经浸泡恢复其弹性后捞出并置于干燥背阴处，沿木构件变形方向反向加压，直至木构件基本恢复其原始状态时，进行场外熏蒸处理，使木材含水率达到使用标准时，进场备用。

北海长廊建筑群修缮通过以上提到的整形加固技术的应用，经统计，此次大修中，旧大木构件在保证结构安全的前提下，再利用率达到了 99.2%。

(4) 中国古代防水的特殊做法——锡背

在北海长廊大修的过程中，发现中国古代防水的特殊做法——锡背的应用，这在北海以往的工程实践中从未发现过，仅从同行之间的交流以及书籍中得到过只言片语的描述，并了解故宫中轴线的主要建筑上都有锡背。

在长廊发现的锡背为铅与锡的合金，具体配比未经实验无法确定，但就锡背实物的颜色来看，长廊拆下的锡背，色泽较浅，锡的含量比较高。厚度平均 3mm 左右，规格长 2 尺，宽 1 尺半。锡背的主要特点为锡软可以卷起，且可以焊接，性能稳定，不畏温冷，使用寿命较长，因此通常使用于等级较高且重要的建筑上，或容易出现渗漏现象的部位。长廊发现的锡背主要集中于天沟、窝角沟以及延廊的平座层边缘等部位。构造做法是将其铺设在灰背以上。

西段延廊由于残损严重落架大修，因此拆除了所有锡背，其中部分锡背保存完好，可以继续使用，但仍有部分锡背糟朽严重，不得不添配新的锡背。而现代的锡背由于铅含量高，颜色较深，但其他性能皆与原延廊锡背接近。另有部分锡背局部糟朽，因此要用气焊将新老锡背焊接。经实验，在焊接锡背的操作时应使用微火，才不致烧穿锡背，同时焊缝也比较饱满。

在拆除锡背时，操作人员认真地记录了每一铺装有锡背部位的构造做法。

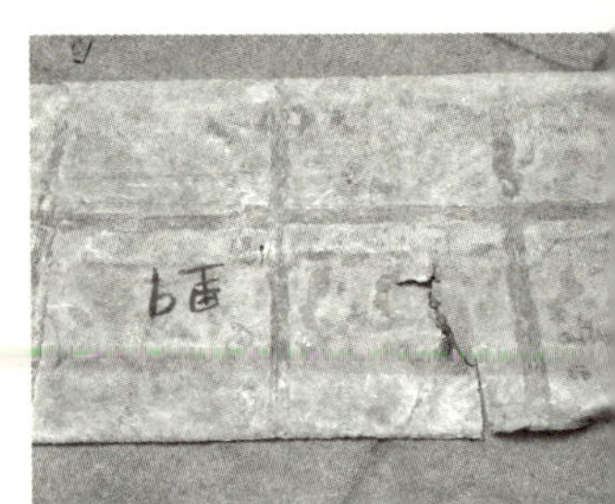

其铺装规律为：

1）天沟部位

从天沟中心向两侧铺，边缘压在镜面勾头和滴水下面。

2）窝角沟部位

两侧压在羊蹄勾头和斜盆沿下。

3）重檐建筑平座部位

通常是楼板——护板灰——锡背——灰背——墁地。

(5）修缮后的监测

针对修缮后延廊基础钢筋混凝土地梁应用的效果，我园开展了长期的监测工作，具体监测措施如下：

结合延廊修缮前的勘察结果，我们把由于长期冻胀引起的大木构架走闪情况分为轻度和重度两个级别，重度类型为受冻胀影响最为突出的部位，其表面特征为台明、柱础、柱脚均有大于10cm位移。在汇总重度位移部位后，我们在当中选择了6处典型的部位作为日后监测点，每6个月作为一个监测周期，对其测量并记录。自2006年修缮完成之日起至今已历经了7个监测周期，就目前累计的监测结果显示，北海长廊建筑群西北段延廊大修效果良好，至今未发现位移现象。

7.3.5 结语

文物古建筑的修缮，不同于其他类别的建筑工程，它是一套更为复杂，并且带有强烈人文主义色彩的工程实践体系，它的本质和目的不仅仅是修缮本身，而是着眼于一种人文关怀，它的成败更是取决于对建筑本体的文化、艺术、技术等方面的认知水平，而修缮只是还原其风貌的一个必要手段。

上页从上至下排序：
图 7.3–38　长廊发现的锡背
图 7.3–39　长廊天沟发现的锡背
图 7.3–40　长廊平座转角部位发现的锡背
图 7.3–41　长廊爬山廊挂檐部位的锡背

本页：
图 7.3–42　长廊正立面

北海长廊建筑群是古代建筑精品，但是由于受当时工程技术水平所限，基础部分处理比较薄弱，略显“先天不足”，并经年长不得彻底解决。时至当代，通过对文物建筑的认识不断加深、文物保护意识的不断增强、思路的不断开阔以及现代工程技术手段与传统工艺的成功融合，才得以让北海长廊建筑群再一次焕发青春，较为彻底的解决了困扰长廊建筑群二百余年的诟病。这一个案的成功为我们今后更好地开展古建筑修缮工作增强了信心，开阔了视野，也为今后遇到类似问题，提供了一种新的方法和思路。

参考书目：

[1] （明）计成．园冶．北京：中国建筑工业出版社，1988.5.
[2] 适园主人．三海见闻志．北京：北京古籍出版社，2005.1.
[3] 李允鉌．华夏意匠．天津：天津大学出版社，2005.5.
[4] 周维权．中国古典园林史（第二版）．北京：清华大学出版社，1999.10.
[5] 潘谷西．江南理景艺术．南京：东南大学出版社，2001.4.
[6] 陈从周．园林清议．南京：江苏文艺出版社，2005.4.
[7] 赵广超．不只中国木建筑．北京：三联书店，2006.4.
[8] 北海公园管理处．北海景山公园志．北京：中国林业出版社，2000.10.

照片提供：薛玉宝、天津大学．张凤梧
资料提供：天津大学．张凤梧

（北海公园管理处供稿，钱勃执笔）

7.4 苏州耦园古建筑保养及环境整治

俗语云："江南园林甲天下，苏州园林甲江南。"苏州古典园林是我国古代文化遗产中的珍品，与建城2500余年的苏州古城基本同步产生，以其独特的造园艺术风格闻名中外。民国时期，由于社会动荡、外敌入侵等原因，苏州古典园林日趋衰败。新中国成立后，人民政府及时进行抢修、整修或重修。1961年3月4日，国务院首次公布全国重点文物保护单位，苏州拙政园、留园榜上有名，与颐和园、避暑山庄并称全国四大名园。改革开放以来，人民政府继续大力修复和保护古典园林。正是由于历代园林工作者不遗余力的保护，才使得拙政园、留园、耦园等9座苏州古典园林相继于1997年、2000年被列入《世界遗产名录》，成为全人类共同的珍贵文化遗产。这既是对苏州园林保护工作的肯定，同时也给后续的保护管理工作提出了更高的要求。古典园林的保护和修复既是一个老的话题，又是一个新的课题，需要不断地研究和创新。2008年，苏州市园林和绿化管理局对耦园实施古建筑保养及环境整治。本文以此次修复为例，探讨新时期如何做好苏州古典园林的保护与修复工作。

7.4.1 历次修复概况

耦园位于苏州市平江区小新桥巷，始建于清初，名涉园。清同治年间，安徽巡抚沈秉成购得涉园废址。沈秉成信仰道教，精通周易，按照八卦方位图对耦园建筑进行布局，形成东西两园耦合的格局，取名耦园，寓意夫妇偕隐、伉俪唱和，被誉为"写在地上的爱情诗"。

1960年，园林管理处①接管耦园，于1961年着手修复东花园，修复了山水间、筠廊、黄石假山等处景点，基本形成现存格局。"文革"期间，耦园一度关闭。1979年2月，市政府决定继续整修东花园。1986年，开始整修西花园，但因经费不足，尚未全部修复。中西部

---

① 苏州市园林管理局前身。1981年3月14日，苏州市人民政府将园林管理处调整为苏州市园林管理局。

曾被用作园林修建队办公地、园林技工学校、园林管理局职工住宅和红木仓库。期间，中西部因使用功能不同，建筑格局发生一定程度的变化。1993 年 1 月，市政府决定修复耦园中西部。

历次修复过程中，由于经费短缺等因素，在材料、工艺使用上存在着许多不符合“修旧如旧”的原则，造成一定程度的“保护性破坏”。世界文化遗产的原真性没有得到应有的保护。

2008 年 3 月，苏州市园林和绿化管理局决定对耦园实施古建筑保养及环境整治。在整修前，市园林和绿化管理局先后数次邀请建筑、园林、民俗、文史、植物等方面的专家展开论证，不断完善整修方案。在整修过程中，也定期邀请专家现场指导，解决施工过程中出现的问题。2008 年年底整修结束，耦园整体环境水平得到了较大的提升。

7.4.2 运用传统材料、工艺，保护建筑及构筑物原真性

苏州古典园林由建筑、叠山、理水、花木、铺地及陈设诸要素构成，是融传统诗词、绘画、书法、雕刻、音乐、戏曲艺术于一体的综合时空艺术。建筑形式、用材等具有浓郁的江南风格。

（1）建筑维修和保养

建筑被称为园林的“面目”。中国古建筑的木质构造形式很容易遭到破损，保存时间较短，因此，使用传统材料和工艺对建筑进行维修和保养显得尤为重要。此次整修主要包括建筑油漆、花窗钩线粉刷、戗角维修、木构件维修和更换、屋面清理、墙体修复等内容，主要涉及载酒堂、城市山林、无俗韵轩、双照楼、还砚斋、城曲草堂、山水间、藤花舫、藏书楼、织帘老屋、走马楼等，计古建筑 19 座，施工面积近 5000m^2。

第一，维修屋面，更换木构件。由于风吹雨蚀，古建筑屋面出现损坏，需要更换碎瓦。维修期间，对于一些已经开裂、损坏木构件及时进行维修和更换，有效地保护了古建筑。在维修住宅大厅载酒堂、轿厅屏门时，发现 1993 年整修用材不规范的现象。依据苏州地区传统规制，大厅屏门应使用杉木，而使用了现代建筑材料三合板，与世

界文化遗产的环境极不协调。此次整修使用原工艺和材料恢复了传统的杉木白善门。

第二，采用传统工艺实施建筑油漆。此次油漆过程中，发现了历次修复遗留的不规范现象。例如：因木雕装饰细部打磨粉砂不到位、施漆过后导致精细部位被覆盖，致使苏州古典园林精巧典雅的风格大打折扣。为此，整修时特别要求施工单位挑选具有丰富古建筑维修经验的工人进入现场施工，并要求施工人员仔细清理反复打磨至线脚轮廓完全清楚后再按传统工艺进行油漆。油漆后的雕刻图案十分清晰。另外，前几次修复时，东花园安乐国、还砚斋、城曲草堂的油漆采用了桐油材料，古朴典雅。此次油漆时仍旧使用桐油按照传统工艺恢复，保持原有风格。

第三，戗角维修，花窗勾线粉刷。整修过程中对一些破损的戗角按照传统工艺维修，恢复原样，共计 20 处。此次维修也对花窗进行勾线粉刷，使其线条清晰，层次分明。

第四，打通走马楼。走马楼是耦园建筑的主要特色，从东花园双照楼通过二层走廊可以直通西花园藏书楼。由于 20 世纪 90 年代建筑维修时西花园“锁春”建筑格局发生改变，致使走马楼被阻断。此次维修时，对“锁春”建筑进行翻建，使走马楼东西得以贯通，恢复了历史原貌。

(2) 陋作修正和复原

此次整修工作，对历次维修中用材不规范，未采用传统工艺的内容进行修正，恢复历史原貌，保护遗产的原真性。

1) 正门

大门采用竹条贴面，简洁朴素，与江南地区建筑风格及园林主人归隐的意境相吻合，整修中予以保留。20 世纪 90 年代修复时，大门两侧墙面采用线条仿砖细贴面，墙顶与屋檐梁架漏空，间隔约 30cm。这种形式不符合苏州地区传统建筑规制。多位专家提出了修正意见。为了确保修复风格与晚清苏州地区的建筑风格相符，工作人员多次到平江历史街区寻找证据，终于在大新桥巷 28 号发现编号为 096 号控制性保护建筑的正门与耦园正门建筑年代相近、风格相近。[①]最后，决定按照096号控制性保护建筑正门式样恢复，将正门两侧墙面增高，与梁架连接。墙面去掉仿砖细线脚，恢复白墙。阶沿石以上1m高墙面使用砖细贴面。大门恢复后，整体风格典雅别致，与周围环境十分协调。

2）"平泉小隐"、"厚德载福"、"诗酒联欢"门楼

这三座门楼位于耦园中部住宅区，由南向北依次为"平泉小隐"、"厚德载福"、"诗酒联欢"，砖雕规格、档次也逐渐提高。20世纪90年代修复时，存在用材、工艺不规范的现象，如"平泉小隐"、"厚德载福"门楼贴面按照传统应使用砖细材料，却使用了明显具有现代建筑风格的水泥纸筋，与古典园林的风格极不相称。"诗酒联欢"门楼雕工精细，是住宅区域规格档次最高的一座门楼，体现了园林主人的身份和地位，但建筑风格却是墙门形式[②]，围墙高度与门楼顶部一致，不符合传统建筑规制。在深入研究和听取专家意见的基础上，技术人员使用砖细材料和传统工艺按原样更换"平泉小隐"、"厚德载福"门楼贴面的水泥纸筋材料。对于"诗酒联欢"门楼，则将门楼两边围墙高度整体降低50cm，檐口按照传统工艺制作砖细抛枋，地面往上1m墙面使用砖细贴面，从而使门楼上下建筑风格得以沟通，突出了门楼的威严气势。

3）庭园假山花坛、铺地

由铺地、假山、花坛组成的庭院是苏州古典园林造园艺术风格的主要表现形式之一。因此，铺地、假山、花坛艺术水平的高低直接影响园林的整体环境水平。由于历次修复及维护管理不到位，存在着假山堆叠、铺地手法艺术水平低，植物配置不合理等现象。中部住宅区域由于历次修复不彻底，整体环境质量有待进一步提高。东西花园的假山花坛、铺地保存较为完整，整修中仅采取勾缝、加固等措施。因此，此次修复主要集中对中部区域不符合古典园林保护要求的"陋作"进行了修正和复原。

整修前，"城市山林"（轿厅）南侧庭园东西分别种植白玉兰、二乔玉兰，白玉兰长势较差，地面积水严重。东侧花台杂乱点缀太湖

---

① 此建筑年代为太平天国后期所建，当时为太平天国忠王李秀成属下将领所有。

② 墙门与门楼的区别：墙门顶部低于围墙，门楼顶部高于围墙。

石。整修时，对整个庭园进行清理，将东西花台采用青砖铺地，解决积水问题，同时，留出数穴，并用花岗石栏围土。另外，施工人员在东侧铺设青砖时发现了一口古井，予以保留，并配与之适合的石基座和井圈，进一步丰富了庭园景观。

“诗酒联欢”门楼庭园位于住宅第三进，排水不畅，整个区域地面潮湿阴暗。经过论证，决定按照传统工艺在庭园东西两侧制作青石花坛，雕寿桃、鹿、葡萄等吉祥图案。庭园四周预留 4 只树穴，其余区域采用花岗石铺地。调整结束后，整个庭园空间开朗，采光较好，植物配置的文化内涵也有较大提高。

“无俗韵轩”北庭园位于耦园中部住宅与东花园过渡区域。庭园内湖石花坛分为三个层次，具有国画“平远山水”的意境，艺术价值较高。由于管理不到位，花坛内水土流失严重、部分湖石缺失，植物配置品种单一、密度较高。另外，庭园内铺地破损严重，排水不畅。这些因素影响了整个庭园的景观效果。庭园的整修内容为：第一、沟通排水窨井，按传统工艺重新铺地。第二、保持花坛原有布局和风格，根据湖石形状和纹理进行清理和补缺，突出花坛的三个层次，使其层次分明。第三、调整植物品种，丰富植物景观。调整后，整个庭园环境大为改观。

“无俗韵轩”与住宅区“载酒堂”相连的过渡走廊原有布局为铺地与假山花台结合的小型天井。整修前，铺地破损、假山堆叠手法和艺术性较差。古代匠师把假山堆叠技法总结为三十字诀：安连接斗挎（跨），拼悬卡剑垂，挑飘飞戗挂，钉担钩榫扎，填补缝垫杀，搭靠转换压。①假山堆叠讲究运用绘画原理，符合自然之趣，

---

① 中国大百科全书编辑委员会.中国大百科全书[建筑、园林、城市规划].北京：中国大百科全书出版社，1988年，第125页。

可谓“片山多致，寸石生情”。此次整修采用传统技艺重新铺地、堆叠假山。湖石间按照纹理衔接，过渡自然，并且与东侧墙面屋檐呼应，高低错落有致，气势流畅。花坛内植物采用松、竹、梅传统配置形式，形成一组优美的景观，俨然一幅国画。

通过按照“原材料、原工艺”对耦园实施建筑维修保养以及对一些不符合古典园林整体风格的构筑物进行修正复原，历史原貌得到较好的恢复，整体风格更加协调。

7.4.3　增强植物配置艺术性，丰富厅堂陈设

(1) 调整植物配置

花木被称为园林的“毛发”，在丰富园林景观、局部生态环境构成等方面发挥着重要作用，是园林构成诸要素中惟一具有生命的元素。由于生、老、病、死的特性以及自然灾害等原因，花木又是园林景观中极易发生变化的要素。高度、冠幅的变化也直接影响景观效果。因此，加强修剪和选用乡土品种更换死亡花木显得尤为重要，这本身也符合《佛罗伦萨宪章》中“定期更换的树木、灌木、植物和花草必须根据各个植物和园艺地区所确定和确认的实践经验加以选择”的规定。[①] 由于历次修复时植物配置不到位、自然灾害影响等因素，耦园的植物景观效果较差，亟待提高。

1)“诗酒联欢”门楼庭院

“诗酒联欢”庭园原来的植物配置存在常绿落叶搭配不合理、密度过大等问题。雨水排水不畅，导致地面潮湿阴暗。景观效果、文化内涵与古典园林的意境不符，也不利于古建筑的保护。植物调整时结合地面改造，充分利用庭园东西两侧的青石花坛，分别种植牡丹和玫瑰。同时，利用地坪改造时预留的 4 只树穴，对植白玉兰和木瓜。调整后，整个庭园空间开朗，采光较好，线条轮廓柔美流畅，艺术品位有较大提高。

---

① 联合国教科文组织世界遗产中心、国际古迹遗址理事会、国际文物保护与修复研究中心、中国国家文物局.国际文化遗产保护文件选编.北京：文物出版社，2007年10月，第125页。

2）“无俗韵轩”南北庭园

“无俗韵轩”为中部住宅与东花园过渡的小型庭园，南侧区域为园主欣赏田园风光之地。北侧区域为太湖石峰、湖石花坛与植物结合的小型庭园。

南侧庭园植物品种单一、密度过高。调整时增加花木品种，突出观花、观果景观。北侧庭园三层湖石花坛内植物配置主要为桂花，空间闭塞。整修时适当调整桂花密度，补种二乔玉兰，季相景观十分明显。

3）东花园黄石假山区域

黄石假山东部区域原有黄杨、女贞、朴树、国槐等树木，山林景观十分明显。2001 年夏季，一次强对流天气将朴树刮断，并压坏国槐、女贞以及东部悬崖临池处黄杨，导致假山区域主要植物景观完全消失。整修时，整个区域以保护假山为主，兼顾植物造景需求，营造山林景观。调整时，在东部悬崖临池处原黄杨位置补种 1 棵造型相似的黑松。原女贞位置补种二乔玉兰 1 棵，国槐位置补种青枫 1 棵。树木补种后，黄石假山区域形成一组优美的天际线，山林景观十分突出。

（2）厅堂陈设调整和完善

陈设被称为园林的“屋肚肠”，包括家具、字画、匾额对联、书条石、摆件等内容，是反映园林主人社会地位、文化品位、生活场景的主要表现形式。整修前，耦园厅堂陈设破损严重，对园林主人生活场景的表现内容较为缺乏。此次整修，以耦园主人沈秉成夫妇为中心，根据建筑使用功能丰富和完善厅堂陈设内容，进一步表现园林生活信息、提高陈设品位。

1）家具调整和增补

厅堂家具调整和增补主要涉及载酒堂、储香馆、无俗韵轩、还砚斋、安乐国5处建筑。下面以为无俗韵轩例作简要介绍。

无俗韵轩的使用功能为书房。轩内家具原摆放清式太师椅，格调凝重。调整时，东侧布置玫瑰椅、书架、香炉。南侧靠墙置清式条案，配高脚花几。西侧靠墙布置书橱。正中靠西斜放小书桌，配明式圈椅、轴缸。调整后的家具布置形式灵活，具有较强的生活气息。

2）增补挂屏、书条石

挂屏是园林厅堂陈设的重要内容，有书法、绘画、大理石等形式。书条石是嵌于走廊墙体的石刻，主要以书法、绘画形式表现。此次整修选取耦园主人著作《鲽砚庐诗钞》、《鲽砚庐联吟集》、《纫兰室诗钞》中的诗文制作挂屏，选取历代书法大家作品制作书条石。

3）字画揭裱、匾额对联维修见新

书法、绘画、匾额对联是园林厅堂中文化内涵最丰富的陈设品，是园林立意的主要表达方式。此次整修，运用传统工艺重新揭裱字画，维修见新匾额对联和宫灯，加强陈设物品保护。

4）按照国际通用标准统一制作标识牌

耦园原有的标识牌设施陈旧，不利于游客了解耦园的造园艺术特色。此次整修参照国际通用标准设计制作富有耦园特色的导示标识牌，配以中、英、日文说明，以利于国际交流。

经过调整后，厅堂陈设较之修复前内容更加丰富，形式更加多样，生活气息更加浓厚，形成了具有耦园特色风格的陈设风格。

7.4.4 结束语

此次整修是在全面系统地研究耦园历史文化内涵、造园艺术特征的基础上进行的。园林和绿化管理局多个部门联合制定修复方案，并多次邀请专家进行论证，听取各方面专家的意见和建议。整修过程中，严格按照世界遗产保护管理的要求，实施“原材料、原工艺”修复，确保“修旧如旧”，保护了世界遗产的原真性。为了加强对修复过程的监督，实行工程监理和古典园林监测预警双重监督模式，利用文字、图片等手段实时记录修复过程的每一个步骤、每一道工艺，确保按照规范进行，保证了修复工程的质量和水准。工作人员就曾发现了一些不符合修复规范的行为，并及时予以报告，责令施工单位进行整改，严格按照传统工艺进行修复。因此，从这个角度上说，此次修复也为其他苏州园林的保护管理积累了宝贵的经验。

回顾苏州古典园林的发展历程，每一座古典园林的形成不是一蹴而就的，而是经过历代园林主人和能工巧匠们的逐步完善而形成博大精深的艺术风格，成为全人类共同的珍贵文化遗产。相信此次整修将为耦园这座历史名园的保护和可持续发展添砖加瓦。

参考文献：

[1] 中国大百科全书[建筑、园林、城市规划]. 中国大百科全书编辑委员会. 北京：中国大百科全书出版社，1988.

[2] 耦园志（初稿）. 苏州市园林管理局编史办公室. 1990-1.

[3] 刘敦桢. 苏州古典园林. 北京：中国建筑工业出版社，2008-10.

[4] 联合国教科文组织世界遗产中心，国际古迹遗址理事会，国际文物保护与修复研究中心，中国国家文物局. 国际文化遗产保护文件选编. 北京：文物出版社，2007-10.

（苏州市园林和绿化管理局供稿，程洪福执笔）

7.5　颐和园佛香阁景区修缮工程

7.5.1　景区概况

佛香阁景区建筑群位于颐和园万寿山的中央部位，是全园景观的核心区域。主要建筑包括佛香阁、南北山门、周围廊、众香界、智慧海，均始建于 1754 年（清乾隆十九年），是清漪园“大报恩延寿寺”中轴的山顶结束部分。1860 年被英法联军焚毁，智慧海和众香界得以幸存。

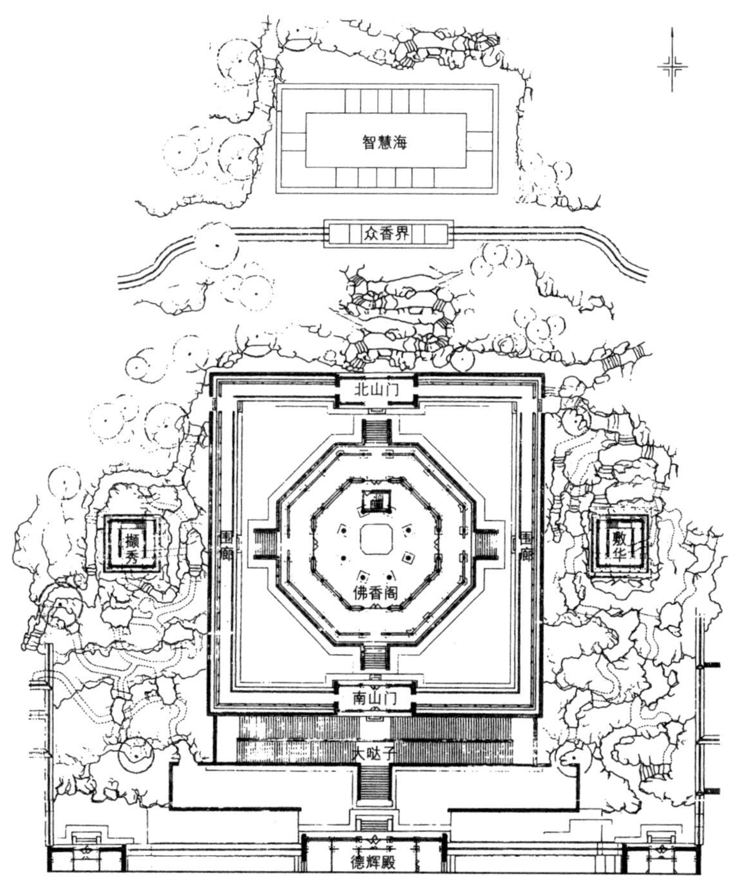

图 7.5–1　佛香阁平面图

图 7.5–2　佛香阁立面图

佛香阁耸立在万寿山前山中心部位，是一座宗教建筑。坐落在20m 高的石造台基上。阁八面三层四重檐，高 41m，以八根坚硬的大铁梨木为擎天柱，结构繁复，气势宏伟，巍然耸立，高入云霄，是颐和园的标志性建筑。佛香阁建筑等级较高，外檐彩画为金龙和玺彩画，所有纹饰均沥粉贴金，彩画效果金碧辉煌；金步及内檐彩画为金线大点金旋子彩画；室内一至三层天花图案分别为团龙天花、单凤天花和五福捧寿天花；飞椽头为片金万字，檐椽头为龙眼；平金斗栱。

佛香阁四周围廊连接南山门与北山门共有70间，内檐大木三件上绘制金线枋心式苏画，外檐大木三件上绘制金线包袱式苏画。南北山门各一座，均面阔3间，正脊歇山顶，黄琉璃瓦绿剪边瓦面，一斗二升交麻叶斗栱，龙锦枋心金线大点金旋子彩画。

众香界为位于智慧海南侧，坐北朝南。从建筑布局看，众香界牌楼是佛香阁建筑与佛教内涵的延续，又是智慧海建筑及佛陀世界的导引和铺叙。众香界建筑形式为四柱七楼琉璃牌楼，面阔3间，有三个栱形门洞，正脊歇山式顶，黄琉璃瓦面，斗栱正楼、次楼为五踩双昂，夹楼边楼为三踩单昂，大脊、垂脊、角脊、博脊安吻兽狮马、宝瓶。

琉璃阁——智慧海位于颐和园万寿山顶，是排云殿——佛香阁景区建筑中轴线的终点，最晚建成于乾隆二十九年，是一座二层歇山式宗教建筑。智慧海坐北朝南，面阔七间，进深三间，五踩重昂琉璃斗栱，六字真言天花，建筑面积约401.8m^2。

7.5.2　景区修建历史概况

佛香阁景区自1949年解放后，经过三次大修：

第一次，1951年整修佛香阁东、南、西三面扶手墙。1953年因游人拥挤，将佛香阁四面过厅门拆去门窗改为敞厅。1953～1954年对佛香阁进行自民国以来的第一次全面整修、油饰（包括敷华亭、撷秀亭、众香界、智慧海），作为建国5周年国庆献礼。1953年秋，北京市第一建筑公司勘估，佛香阁工程工期需一年半，预算41万元。颐和园决定自行施工，从1953年11月开始备料，至1954年9月25日竣工，实际工程开支23万余元。做法是全部阁顶重檐挑顶，将倾斜6cm的大木构架拨正，补齐琉璃瓦件，油活全砍一麻五灰，彩画金龙和玺，贴大赤金，台阶等石活归安。这项工程油画活工作量大，经查《北京市人民政府公园管理委员会颐和园管理处——工程预算书》内容："画工：全部斩砍见木，做一麻五灰地仗，外檐和玺，内檐金线大点金。全部照原样油饰，满见新。油工：沥粉金线，全部额枋里面大点金。"为保证质量，采用每一道工序后由领导检查与油工互查相结合的检查措施，并在扫堂灰、押麻灰工序中，将原来一次灰全过后再刮平的做法，改为 1 人过灰后，2 人立即刮平，防止过灰不实当时不易发现的“干麻包”质量问题。在施工组织上，采用大流水作业，按照各工种不同工序，按层流水作业。先由下而上，再由上而下。同时穿插其他小工程来利用下脚余料或调剂工力，提高了工作效率，保证了工程质量。画工革新工具，创造多针起谱、弯尖沥粉，自来水刷子等工具。这项工程是颐和园历史上第一次自做的大型整修油饰工程，其技术操作及施工管理措施一直为以后各年各项古建筑油饰整修工程使用。工程竣工后，30 年未发现渗漏。

第二次，1982 ~ 1983 年，重点修缮智慧海，挑修一层屋檐，补齐殿墙外壁上丢失的小佛头 450 个。1988 ~ 1989 年，又对佛香阁全部柱根做了防腐防水处理。以平座为重点，将柱根糟朽的擎檐柱剔除朽木，进行墩接，全阁木架重点部位，辅以型钢支撑，首层地面满换砖，归安石活，周围廊子配齐槛窗（其中 36 间改为钢漏窗），将损坏的木榻板改换为混凝土预制板，东西角门恢复了四扇屏门，并照原样将围廊油饰见新。根据颐和园科技档案《佛香阁修缮工程》中对佛香阁油饰彩画明确要求为油画工程施工中，原有地仗没有破损的部分构件，没有必要满砍重做。佛香阁室内天花以及内檐彩画保留原样，不再考虑重做。经调整后修缮部分相关内容如下：外檐上架满砍重做，彩画形式不变；下架按一层 20%，二层 40%，三层 60%，四层 100% 满砍重做，其余找补地仗、油饰；室内上架清扫除尘，找补修复；室内天花清扫除尘，找补个别破损处；装修满砍重做；室内下架大木约 10% ~ 20%，砍除重做；两平座及四层檐满砍新做一麻五灰，彩画形式照旧；匾额新做一布五灰；铜顶珠打磨清洗见新并罩防锈涂料。

第三次，2006 年，佛香阁古建筑保护性修缮工程作为北京市人文奥运文物保护计划项目中的一部分，自 2006 年 2 月全面开工，2006 年 9 月 20 日全面竣工。2006 年 9 月 23 日举办了竣工仪式，并对外开放。以下重点介绍第三次大修工程。

7.5.3　景区第三次大修工程介绍

（1）前期勘察情况

经现场勘察，佛香阁景区建筑群内主要建筑的大木构架保存尚好，但部分配殿的柱子柱根有轻微糟朽，部分梁架下垂。汉白玉阶条、踏垛、垂带大部分松动移位。室内金砖地面磨损严重且部分松动，室外地面、廊心地面大部分为水泥砖且磨损严重。室内外装修的边框均松动变形，铁活松动且部分缺失，门窗芯屉大部分需整修加固，团卡花部分缺失。室内硬木装修烫蜡陈旧脱色。下架大木的一麻五灰地仗保存较好，但油皮剥落。由于多年的日晒雨淋等自然原因，致使金龙和玺彩画、廊心彩画大部分褪色，贴金氧化变色。屋面大面积长草，瓦件釉面剥落，部分建筑屋面漏雨，吻兽、瓦件等缺失。由于多年维修，造成建筑檐头部位的勾头、滴子等瓦件形制大小不一，出檐不齐。

图 7.5-3　柱子油皮剥落严重（上）

图 7.5-4　地面水泥砖风化磨损严重（中）

图 7.5-5　下碱砖局部风化酥碱（下）

主体建筑佛香阁挂檐内沿边木部分有糟朽情况，斗栱大部分歪闪走形；连接建筑的围廊大木构架均保存尚好，但部分廊子的柱子柱根有轻微糟朽，梁架下垂，椽子和望板大部分糟朽严重。汉白玉阶条、踏垛、垂带大部分松动移位，廊心地面大部分为水泥砖且磨损严重，槛窗的边框均松动变形，芯屉大部分需整修加固，下架大木一麻五灰地仗剥落严重，金线苏式彩画大部分褪色，贴金氧化变色。屋面大面积长草，瓦件釉面剥落，部分廊子望板糟朽严重，屋面漏雨。由于多年维修，造成廊子檐头部位的勾头、滴子等瓦件形制大小不一，出檐不齐。

部分勘察照片如图 7.5-3 ～图 7.5-8。

（2）保护性修缮工程的主要做法

1）维修目标

该景区经过多次的维修，部分做法、材质几经更改，现部分与历史原貌不符。本次维修将景区内现有所使用的现代材料及其与原有构件材质明显不符的全部拆除，在查清历史资料的基础上按照原样恢复，材料使用与原构件不同的重新按照原构件添配，尽量恢复其清光绪时期颐和园历史原貌和风格。如原破损的石活用水泥砂浆、混凝土等现代材料修补的全部剔除，按原石料材质、按传统做法修补。

2）修缮设计原则

按照世界文化遗产有关公约、中国政府有关的法律规定及北京市文物局京文物[2004]685号文件《关于颐和园排云殿——佛香阁修缮方案的复函》的规定，以“保护文物古建的原貌、不破坏文物价值，修缮的部位应尽量利用旧料，并与原有的风格保持一致，尽量恢复其历史原貌和风格。”为原则，保持颐和园皇家园林的总体风格，延长该景区内古建筑的使用寿命，更好地保护古建文物，改善历史名园的景观环境。

3）文物保护

颐和园珍藏的文物，是作为皇家园林在长期使用过程中根据建筑内外陈设需要自然聚集起来的传世精品，为中国皇家园林文化的重要遗存。与颐和园的沧桑命运相伴，园藏文物也历尽世变，其增减损益可折射出近代中国的兴衰历程。在修缮过程中为了保存颐和园文物的历史真实性和完整性，并使之更长久的传承下去，本着“保护为主，抢救第一，加强管理，确保文物安全”的原则，我们制定了完整的文物保护措施，并在施工过程中严格遵循规定，确保文物的安全。

● 景区内室外不可移动的文物保护

在施工前由颐和园文物部门对殿堂内不可移动的文物进行全面勘察并作详细地记录，进行拍照定位，

图 7.5–6　屋面瓦件釉面剥落严重（上）
图 7.5–7　斗栱局部歪闪（中）
图 7.5–8　椽头、连檐糟朽严重（下）

将勘察结果与文物档案记录相对照。要求施工单位采用原址保护的方法保证文物安全。施工过程中，设立保护板等措施进行保护，避免施工时损坏文物。

● 景区内古树保护

为了保护古树，要求施工单位对施工范围内所有树木进行包裹保护。树干先用麻袋片包裹好，再用木板封护，避免施工时刮伤树干。对于树冠较大的树木做好支撑，防止树木倾倒。施工过程中必须有颐和园园艺队专门人员进行指导监督，遇不明情况应及时与园艺队专门人员进行请示、协商，不得私自进行处理。

● 殿内佛像的保护

将殿内佛像用潮布将尘土掸净，清扫一遍，修补断裂、缺损的部位，再用数码相机拍照记录存档。为保护殿内文物的安全，防止落物和磕碰，在施工过程中应搭设防护架子。

● 匾、对联的保护

由于景区内大部分匾、对联为慈禧时期的文物，在此次维修工程找补地仗过程中不得损坏原有字体以及雕刻图案，排云门南外檐 4 块对联有历史意义，此次维修中应加重点保护。

4）原有构件的使用

● 旧瓦的使用

原则：尽量利用旧瓦，屋面落瓦后先分类统计，断裂、有隐痕及釉面剥落超过 90% 以上的琉璃构件由甲方收回，其他瓦件均使用。缺少的部分按原样式添配。添配的新构件使用在后坡或不明显处。屋面工程完成后制作《景区瓦件统计表》，标明新构件使用的数量及位置。

● 旧砖的使用

原则：尽量使用旧砖，地面揭墁后先分类统计，除断裂、有隐痕由甲方收回外，其他均使用。缺少的部分按原样式添配。地面工程完成后制作《景区地面统计表》，标明新构件使用的数量及位置。

5）传统工艺做法的延续及研究

此次修缮中传统工艺做法延用在每一个修缮环节上，如油饰彩画的施工工艺和对佛香阁镏金宝顶保护的研究。

● 油饰彩画部分：由于原彩画地仗各道灰和麻层较薄又因年久失修，建筑彩画易受到自然因素的影响，尤其是外檐彩画容易出现彩画层褪色，贴金氧化变色并出现局部地仗空鼓等病害。

首先为了保存历史的原真性，外檐和玺彩画，内檐旋子彩画做拓片各一套，并拍摄数码照片存档，原有彩画有误的部位，在查档后按历史原样更正，其次将地仗较好的彩画尽量予以保留，局部地仗剥落严重且无法保留的彩画，采取满砍重做的方法。彩画施工中完全按照传统工艺的做法进行施工，使得传统方法得以延续，如一麻五灰地仗工艺：

第一步清理木基层：斩砍见木；撕缝、楦缝、下竹钉；汁浆。

第二步一麻五灰工艺：捉缝灰；扫荡灰（通灰）；使麻；磨麻；压麻灰；中灰；细灰；磨细灰；钻生。

又如彩画施工流程：起扎谱子；拍打谱子；沥粉；刷色；包黄胶；加晕色；贴金；拉大粉；行粉；攒小色；点龙眼、齐金、压黑老。

图 7.5-9 彩画施工过程（部分）

a. 地仗完成

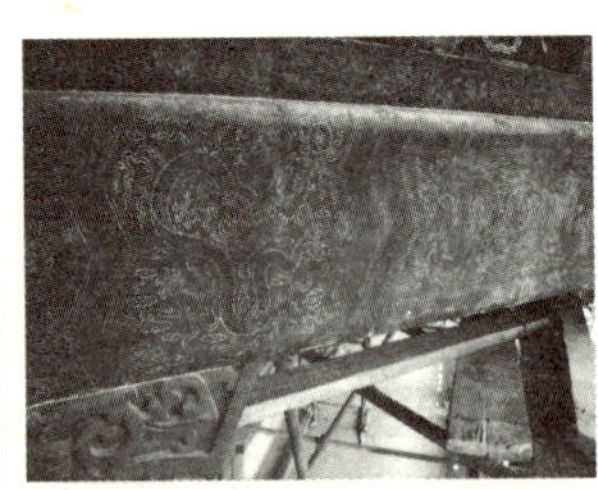
b. 拍谱子

c. 沥粉

d. 刷色

e. 贴金

f. 彩绘后

具体修缮内容如下：

- 室内下架大木、木槛墙、塌板、槛框一麻五灰旧地仗基本不动。框线贴库金。室外下架大木、木槛墙、塌板、槛框、座凳板等砍旧地仗，按传统做法重做一麻五灰地仗。
- 椽头、连檐、瓦口砍旧地仗，重做四道灰地仗。
- 椽子、望板砍旧地仗，重做三道灰地仗。
- 匾找补地仗，重新贴金，边框贴赤金，字贴库金。对联找补地仗，重新贴金，边框贴赤金，字贴库金。
- 雀替砍旧地仗，重做三道灰地仗，重做彩画，贴库金线，纠粉。
- 斗栱铲除原有彩画至地仗，原有彩画颜色必须彻底清除干净，找补地仗，按原样重做平金彩画，贴库金。
- 上架室内金龙和玺彩画、旋子彩画基本不动，除尘，室外金龙和玺彩画、旋子彩画铲除原有彩画至地仗，原有彩画颜色必须彻底清除干净，找补地仗，按原样原位重做金龙和玺彩画、旋子彩画，

图 7.5–10　修缮前——外檐装修油皮起翘（上左）
图 7.5–11　修缮中——槛窗重做单披灰地仗（上右）
图 7.5–12　修缮前——外檐彩画层褪色，贴金氧化褪色（下左）
图 7.5–13　修缮后——外檐彩画金碧辉煌（下右）

贴库金。

● 按原样重做椽头彩画，方椽头万字，贴库金，圆椽头虎眼。

● 门窗芯屉、护窗板、花栏杆砍旧地仗，重做三道灰地仗，下边框四角糊布（高度各 15cm），花栏杆按原样做彩画。框线、绦环板、团卡花贴库金。坐凳楣子芯屉清理旧地仗，按传统做法重做单皮灰地仗，护窗板刷白。

● 室内天花的支条、天花板彩画基本不动，除尘。室外天花的支条、天花板找补地仗，找补彩画，重新贴库金。新做天花板按传统做法重做一麻五灰地仗，重做彩画，重新贴库金。

● 镏金宝顶的保护性修缮

佛香阁镏金宝顶位于高 41m 的佛香阁顶端，宝顶分为 4 层，顶层 13 块，中层 11 块，下层 9 块，底层 8 块，顶盖 1 块，通高 2.46m，最大直径为 1.77m，表面积 15m^2。据目测发现有三分之一的镏金层已脱落，裸露铜基底，铜表面覆盖了黑灰色的氧化层和铜锈，失去了昔日金灿灿的光辉。

由于传统镏金工艺中有大量的汞蒸汽扩散，不但污染周边环境，而且危害人体健康，所以此次修缮过程中采用贴金工艺进行修复。具体做法分为两部分，一是基层处理，二是贴金。具体内容如下：

第一步，基层处理：

● 贴金前先将宝顶表层用弱酸溶液（10% 水醋酸）进行化学清洗，将铜锈及油污处理干净。反复用纯净水清洗，将酸性物质清除干净。

● 由于表层有层光油，用蘸有稀料的棉纱擦拭，将光油起皮处理一遍，用纯净水清洗。

● 宝顶表层坑洼处及接缝处用油腻子找补，用水砂纸、布轮打磨平整光滑。

第二步，贴金步骤：贴金所用金箔为甲方指定的加厚库金箔。（即排云殿景区彩画贴金所使用的）

● 在涂刷金胶油前在基底上操生油一道，厚度要适当。

● 打金胶油后要干得恰到好处，似干未透，尚有黏性为好。贴时用金箔夹子夹着金箔和打金纸，粘贴在打好金胶处，用手指略按衬纸，使金箔粘实。再用脱脂棉稍加按榻，轻轻柔扫，使金箔进一步贴实。空白处可再用笔点点胶，贴金箔，补严为止。

● 第一层金箔贴完后，罩光油一道。

● 打金胶油，贴第二层金箔。

● 罩生桐油一道。

此次宝顶贴金箔两层，第一遍贴实干透后方可贴第二道。贴完后刷一遍生桐油。桐油可对金层起到保护延年的作用，是一种很好的柔性保护材料。

经过维修后，原有镏金宝顶又见其昔日金碧辉煌之原貌，虽然传统镏金工艺未能在此次修缮中使用，但其重要的历史信息及传统工艺做法被完整地保留下来了，期待后人研究和发掘更好的工艺技术。

6）利用原样复制来保护原文物，保存历史信息

拓片：拓片是一种传统工艺，它的作用是将有凹凸的图案原样拓下来，这样更有利于彩画信息的保存和再延续。

● 琉璃构件的复制

将景区智慧海雕龙正脊及天王、转轮藏正殿琉璃三星、众香界雕龙花板等琉璃饰件进行实测，绘制线描小样，其中天王、琉璃三星按原样制作琉璃复制品。

● 利用数码技术及计算机软件按原样绘制彩画。

7.5.4　修缮中的特殊工程：琉璃阁——智慧海保护性修缮

（1）建筑概述

智慧海是一座外墙琉璃贴面，内部结构为砖瓦发券的宗教建筑，又称“无梁殿”。建筑外墙通体采用黄、绿两色琉璃构件包镶，其上镶嵌琉璃佛像小壁龛共 1110 个，屋面为七色琉璃，包括黄、绿、深蓝、浅蓝、白、紫、黑七种颜色，正脊为雕龙脊做法，正脊上有琉璃塔囊 3 个，东西各有天王一个。远观智慧海，图案精美绝伦，色调配

图 7.5-14　智慧海雕龙正脊（上）
图 7.5-15　玉泉山仁育宫琉璃阁（下左）
图 7.5-16　北海西天梵境琉璃阁（下右）

合得体，突出了建筑主体及园林特色，同时智慧海采用发券的方法砌筑，不用梁枋承重，又称“无梁殿”。殿内供奉本尊观音像和配奉文殊普贤、韦陀天王像，全面烘托、突出了智慧海的宗教氛围及其功能。

（2）建筑特色

1）彩色雕龙脊饰

智慧海与颐和园内其他建筑的显著不同之处是脊饰的使用。智慧海的正脊、垂脊、戗脊均为彩色雕龙脊，脊饰样式为行龙穿梭于五色祥云之间。尤其值得一提的是正脊，在智慧海的雕龙正脊上分布有三个彩色琉璃喇嘛塔式脊刹和两尊彩色琉璃天王，从颜色、形式及复杂程度等角度分析，级别均较高。

通过对北京市域范围内琉璃阁进行调研发现，同样作为中轴线上的标志性建筑，乾隆时期所建的皇家园林玉泉山的仁育宫正脊为素脊，上有塔囊 9 个，没有琉璃天王。北海西天梵境的琉璃阁（现北京考古学会所在地）为三层，正脊为素脊，其颜色的丰富性及纹饰的复杂性都远远要简单于智慧海的雕龙脊。可见智慧海琉璃构件造型、纹样的精美及繁复。

2）内墙琉璃壁饰

智慧海外部包镶的琉璃构件使其焕发着与众不同的光彩，而其内部更内藏玄机。从外部现状看，智慧海高度为两层，以常规思路推断室内亦为两层，但在勘察过程中并没有发现可上至二层的台阶。通过搭设脚手架坡道现代设施，到达智慧海二层才发现智慧海外观虽为二层歇山式，但室内本应是贯通的，并没有分隔，因为二层除券顶外，遍布纹饰精美的琉璃雕花壁饰，并于两山位置设琉璃佛像壁龛，人们站在一层本应是可以直接观看到的，因而推测一层与二层间的隔板应为后期修缮添建。通过查阅相关历史档案得知，1860 年英法联军火焚清漪园时智慧海虽幸免于难，但建筑内部原来的琉璃材质的西番莲花，被大火熏黑，慈禧太后重修时由于财力有限，内部在原有墙面外包了一层木板，且在位于一、二层的位置上搭制木板，将原本贯通的一、二层分隔开来，并在木板上绘制了具有佛教意义的西番莲彩画。这就确定了智慧海外观为二层、室内为一层的建筑结构，而且被封于二层的琉璃壁饰和一层琉璃壁饰本是一体。虽然二层琉璃壁饰被封存数年，花饰上积满了尘土，但从某个角度来说避免了温度、湿度、光线的影响，较好的保护了琉璃壁饰的原真性，而且可以毫无疑问的断定，智慧海二层琉璃壁饰为清漪园时期烧制琉璃构件，对研究清漪园时期琉璃构件及建筑具有重要意义。

图 7.5–17 二层琉璃壁饰（乾隆时期）（左）
图 7.5–18 二层琉璃佛龛（乾隆时期）（右）

（3）历史沿革

为了理清智慧海的发展脉络，查阅了众多的档案资料。《颐和园手记》记载：“智慧海，在山之正巅，佛香阁之后，乾隆年间建，光绪十六年重修”“排云殿……，乾隆中就其基址建大报恩延寿寺，……咸丰庚申毁于火，其仅存者，唯智慧海与宝云阁”。颐和园建筑科技档案记载，“智慧海主要于1954年和1982年进行过两次整修。”

通过查阅颐和园摄于1900年的照片发现，智慧海正脊东侧的天王并未于光绪十六年重修恢复原样，而是维持当时原状。结合解放初期智慧海照片及相关档案资料记载，可基本确定智慧海东侧天王的修复应为解放初期。由此可以基本断定智慧海因其结构的稳定性及琉璃建筑的阻燃性，主要经历了四个历史时期，即乾隆二十九年、光绪十六年、1954年和1982年，可以说其构件反映了相应历史时期的琉璃构件特点和修缮手法。由此推断出智慧海现状基本上为乾隆时期原貌，可见智慧海作为文物建筑的典型性和智慧海保护性修缮工程的艰巨性。

（4）现状勘察分析

由于风吹雨淋等自然因素的侵蚀以及人为的破坏，智慧海主体结

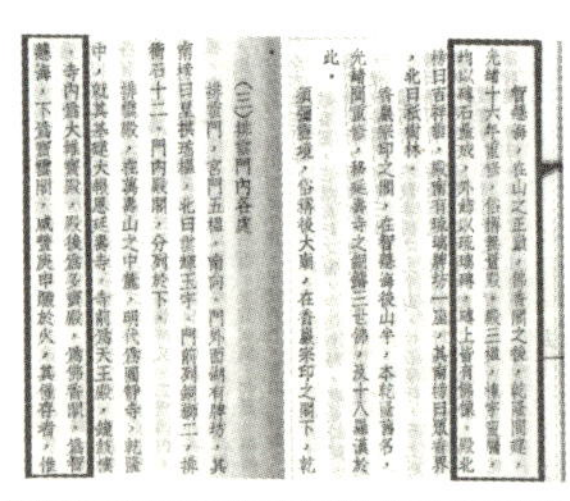

智慧海，在山之正巔，佛香閣之後，乾隆間建，
光緒十六年重修，俗稱無量殿，殿三楹，樓宇宏麗，
均以礪石甃成，外飾以琉璃磚，磚上皆有佛像，殿北
榜曰吉祥雲，殿南有琉璃牌坊一座，其南榜曰眾香界
，北曰祇樹林。
香巖宗印之閣，在智慧海後山半，本乾隆舊名，
光緒間重修，揚延壽寺之舊，鑄三世佛，及十八羅漢於
此。
須彌靈境，俗稱後大廟，在香巖宗印之閣下，乾

（三）排雲門內各處

排雲門，宮門五楹，南向，門外西湖有牌坊，其
南榜曰星拱瑤樞，北曰雲輝玉宇，門前列銅獅二，排
雲石十二，門內殿閣，分列於下。
排雲殿，在萬壽山之中麓，明代為圓靜寺，乾隆
中，就其基建大報恩延壽寺，寺前為天王殿，鐘鼓樓
，寺內為大雄寶殿，殿後為多寶殿，為佛香閣，為智
慧海，下為寶雲閣，咸豐庚申燬於火，其僅存者，惟

图7.5-19 《颐和园手记》关于智慧海记载（上左）

图7.5-20 1860年大火过后的智慧海——引自Aloh.Favier：《Peking，histoire et de Peking imprimerie des Lageristes Au PeT”ang 1897》（上右）

图7.5-21 1900年智慧海——引自《颐和园旧迹》（下左）

图7.5-22 解放初期智慧海——引自《颐和园旧迹》（下右）

构安全，但部分琉璃构件受到了不同程度的损坏。

现场勘察情况如下：

台基：青白石阶条石、陡板、垂带、象眼、踏跺外闪、风化、磨损程度不一，局部断裂，局部用混凝土修补。北檐无台阶。须弥座：一层汉白玉须弥座风化、破损程度不一，局部用混凝土修补。二层琉璃须弥座为宝相花雕饰。琉璃釉面风化、局部剥落。地面铺装：室内地面为青白石细墁地面，保存尚好，门口部位石活磨损严重。墙体：室外壁面镶嵌的无量寿佛破损情况不一。室内壁面：一层为琉璃壁饰外贴一层 4cm 厚木护板，现木护板大部分变形、糟朽。室内假梅花柱无柱顶石，糟朽程度不一，地仗局部剥落。二层室内壁面为白灰罩面，2.5m 以下琉璃卷草图案雕花壁饰釉面局部风化。天花：六字真言图案天花支条局部下沉、断裂。斗栱：五踩双昂琉璃斗栱，均有不同程度的风化、酥裂。屋面：连檐、瓦口、椽子均有不同程度缺损，现为水泥修补。勾缝灰局部脱落，瓦件釉面风化、剥落，二层滴水缺失约 20%。雕龙正脊风化酥碱严重。琉璃塔囊均风化严重，现已用青灰修补（东侧全部用青灰修补，西侧一半用青灰修补）。东西琉璃天王均风化严重，东侧天王护法头部缺损严重。正吻、垂兽、戗兽部分构件丢失。券门：券脸石室外部分轻微风化、部分酥裂。室内部分酥碱严重，现用混凝土修补。券门内侧上身为红灰罩面，现已变色。下碱绿琉璃条子砖风化、磨损严重，局部丢失。板式大门保存较好，木质下槛磨损严重。券窗槛垫石风化、酥裂，局部断裂、破损严重。

佛像：殿内佛像均为清漪园时期智慧海原物，由于年代久远，琉璃釉面已斑驳，佛台面砖有不同程度的磨损。油饰彩画：殿内木护板上所绘宝相花图案彩画斑驳。

(5) 修缮及施工方案的确定

由于要对智慧海琉璃屋面修缮及施工方案进行详细阐述，以下仅对智慧海整体修缮方案进行简述。

台基：归安、修补青白石阶条、陡板、垂带、象眼石。须弥座：汉白玉须弥座剔除水泥砂浆等新型材料修补处，按传统方法重新修补。

地面铺装：剔补室内青白石细墁地面。墙体：室外壁面上所有琉璃构件全部重新勾缝。添配缺少的佛头。室内壁面上三尊的琉璃佛像及其琉璃佛台，用潮布将尘土掸净，清扫一遍。券门内侧上身的墙体铲除原有旧墙皮，重新用大麻刀灰打底，涂刷红浆。剔补下碱绿琉璃条子砖。券脸石：汉白玉券脸石剔除水泥砂浆等新建材料修补处，用汉白玉石渣添加环氧树脂重新修补。整修加固二层券窗下槛垫石，修补破碎断裂处。装修：一层：整修加固琉璃壁饰外贴的木护板，剔补下脚糟朽的木护板。墩接糟朽的假梅花柱。整修加固栱券式大门、券窗。修补门枕石。按同样尺寸更换殿内佛台外铜护栏。拆除室内停用的线路。二层：整修加固、添配井字天花。按原样重做天花帽梁并配齐帽梁上的菲律宾木楼板。铲除原有顶面的砖石发券墙皮，重新用大麻刀灰打底，白灰罩面。油饰彩画：券门、券窗、梅花假柱、抱框砍旧地仗，按传统做法重做一麻五灰地仗，表层搓颜料光油三道，末道罩光油一道。蕉图兽面重新贴库金。木护板砍旧地仗，按传统做法重做一麻五灰地仗，按原样重做室内木护板上宝相花彩画。天花板砍旧地仗，按传统做法重做一麻五灰地仗，重做六字真言图案天花彩画，重新贴库金，匾字描红。

以上为智慧海简要施工方案，下面以琉璃屋面的修缮为例，进行详细阐述。

修缮方案中提出雕龙正脊琉璃构件以归安、修补为主，测量并复制正脊及天王、塔囊等构件。在施工脚手架搭设完毕后，近距离勘察时发现，正脊脊饰纹饰精美，不仅仅起装饰作用，还是建筑的重要组成构件。虽联系了多个厂家，但均提出无法在现场取样复制，必须拆下才能保证复制品的精度。考虑到这些琉璃构件因风化等原因，局部已用铁锔加固多年，如将这些琉璃构件拆下复制，势必会影响临近与之相连接的构件，对建筑本身造成其他更严重的伤害。因此，为了最大限度的保护建筑，将修缮方案调整为：在尽量不动正脊的情况下，仅配齐部分构件，如智慧海的东侧正吻局部构件破损严重且丢失，通过对西侧正吻的测量，分析其物理性质、化学成分等方法，重新烧制正吻的局部构件，保证其完整性，不再拆下制作复制品，而用测绘、拍照等方法尽可能多的留下信息，为今后修缮留下珍贵的依据。

勘察时还发现，东侧天王上半部缺损，现用混合灰及破碎琉璃瓦片拼抹，已酥裂，雨水从此处回灌，致使该天王下部屋面出现漏雨现象，已对建筑结构造成危害。经查档和询问上次（1953 年）维修时参加智慧海修缮的老师傅，得知在上次（1953 年）维修时东天王上半身已经是现在的样子，如果此次不再进行处理，将对建筑造成更严重的损伤。因此，决定对东天王进行修复。在确定具体的的复制方案前，设计部门对北京地区其他现存乾隆时期琉璃建筑均进行了调研，收集相关琉璃建筑的历史资料，均未找到恢复东侧天王原样的可靠依据。在经过多方讨论、咨询专家后，以避免“破坏性”修复为原则，在不影响整体建筑安全的前提下，设计单位提出具体修复方案如下：参照西侧天王制作东天王的上半部，即按照西侧天王腰部以上部分制作东侧天王相同部位琉璃构件，并按传统工艺安装稳实，但该东侧天王琉璃复制品头冠部分、面部等的细部纹饰做简化处理，并在每个部件的隐蔽部位刻“2006 年复制”字样，同时记录在档，以备为日后的维修工作提供参考资料。为了保存智慧海建筑构件历史信息的原真性，还将一套乾隆时期保存较好的仙人、小兽、勾头、滴子收入颐和园文物库保存，并运用拍照、测量、绘制小样的方法对琉璃构件的历史信息加以保护。

在具体施工过程中，对智慧海的不同部位采取相应的施工保护措施。尤其是对于需要添配、重新烧制的琉璃构件，将其主要分为有可参考信息的破损构件和无参考信息的破损构件。对于有可参考信息的破损构件在尽量利用原有构件的基础上，通过拍照、测量、绘制小样图等方式最大可能地保留原物所包含的历史信息，重新烧制琉璃构件。如智慧海的屋面是黄色琉璃瓦、彩色（深蓝、浅蓝、紫色、绿色）菱花心瓦的聚锦图案，由于屋面年久失修，出现了脱节拔垄现象，且各色琉璃瓦均出现了不同程度的掉釉及破碎现象。针对此现状，按颜色、材质重新烧制底瓦及盖瓦，同色补配破损、缺失的瓦件，且将新瓦件用在后坡，并对现有筒瓦屋面捉节夹垄。特别注意的是在更换瓦件及捉节夹垄时，严格挂线调整以保证施工过程中原有屋面聚锦图案的完整性及观赏性。对于带有鲜明纹饰的琉璃构件，如智慧海的东侧正吻局部构件破损严重且丢失，通过对西侧正吻的测量，分析正吻的物理性质、化学成分等方法，重新烧制正吻的局部构件，最大限度的复原了正吻的原貌，恢复了智慧海正脊的完整性。

此次智慧海的维修可以说是对智慧海的一次全面性修缮，在维修过程中发现一层井字天花上部四周墙壁上镶有琉璃西番莲花，由于当年被大火熏黑，且多年没有清扫，现琉璃壁饰上浮土较多，且均已沉积，因此在保存现状的基础上对琉璃壁画进行了清洗，最大限度地予以保护，同时也保护了中国清王朝这一段珍贵历史的载体。

在此次智慧海维修过程中，针对其现状，采取了国际通行的最小干预的办法对智慧海进行了保护性的修缮，并结合智慧海维修工程的进展情况与中国文物研究所合作运用科技手段对琉璃建筑材料进行科技实验，从而探索研究保护琉璃的行之有效的方法。实验包括机械性能实验和化学实验分析。机械性能实验主要包括琉璃瓦的抗弯曲性能、吸水率、抗冻性能、耐极冷极热性及抗渗性。化学实验主要包括琉璃瓦的元素分析、物象分析、孔隙度分析等。这些微观科技实验主要是运用扫描电镜、显微镜及红外光谱仪测得不同时期琉璃瓦釉面、瓦胎的元素、化合物等组成及所占的百分比、琉璃瓦的物质存在形式及瓦胎的孔隙度。通过以上实验可以进一步分析出不同成分琉璃的风化、氧化程度与哪些元素有关。结合不同颜色琉璃釉料的配比，将为以后烧制出符合颜色要求、坚硬度要求及耐自然条件风化腐蚀的琉璃构件提供强有力的科技保证。

综上所述，我们在修缮、保护颐和园琉璃古建筑——智慧海过程中运用了多项技术手段及措施，力求最大限度的对其加以保护，使其最大限度地恢复了乾隆时期的原貌。修缮后的智慧海，重新向游人展现了琉璃建筑的光彩与繁复绚丽之美。

7.5.5 结语

佛香阁景区修缮工程的每一项工序都完全按照传统工艺和传统材料进行施工，从勘察设计到竣工验收等各个环节，也都严格按照国家有关规定进行的。该工程在施工中严格遵守文物法中“不改变文物建筑原状”的原则，不仅对原有文物进行了全面的保护，避免了“破坏性修缮”的发生，而且运用了科学的方法保留了有价值的历史信息，较好地保护了文物建筑的“原真性”。

颐和园是中国皇家园林的典范，展现了当时建筑营造修建的最高水平，而佛香阁景区建筑群则是颐和园的代表性建筑，维修加固后的佛香阁建筑群端庄美丽，而且依然处处展现着历史的沧桑，它们的营建和修缮工程，不仅仅使颐和园建筑修缮的工艺技术得到延续和传承，而且在中国古代建筑的研究和修缮领域具有典型的行业借鉴作用。

参考文献：

[1] 颐和园排云殿——佛香阁——长廊大修实录．天津：天津大学出版社《建筑创作》杂志社，2006-9.
[2] 颐和园园志．北京：中国农业出版社，2006.
[3] 边精一．中国古建筑油漆彩画．北京：中国建材工业出版社，2007.
[4] 北京文博．佛香阁鎏金宝顶维修及保护研究．北京：北京燕山出版社，2008-6.
[5] 中国古建筑修缮技术．文化部文物保护科研所主编．北京：中国建筑工业出版社，1983（2008 重印）.
[6] 颐和园手记．
[7] 颐和园建筑科技档案．
[8] 颐和园旧迹．

（颐和园管理处供稿，荣华、陈曲、何蕾、陈娇执笔、整理）

Postscript 后记

作为《公园建设管理服务丛书》的一本，《公园古建修缮》终于脱稿了。一年前在选题和提纲策划的过程中，并未有后续五个工程实例的考虑，在编写过程中，才感觉到有介绍的必要，因此最后成书，基本形成由概述和实例两大部分组成。

《公园古建修缮》并不是一本古建维修技术和方法的指导著作，而侧重于公园古建的价值和保护维修理念以及经验的叙述。其内容既考虑到公园业内人士的关注点，也照顾到广大游人和社会公众对公园古建的认知和解读，所以通篇关于古建和古建维修的术语引用，较为谨慎，尽量做到随文有所解释，不当之处，在所难免。

对于工程实例部分是根据以下一些条件选择的，一是修缮对象本身有较高的级别和社会影响知名度；二是在修缮和复建中具有典型意义，兼及技术含量的权衡；三是投入较大，成效得到社会广泛认可；四是工程资料较为完备。遗憾的是，照顾到的方面较差，除北京历史名园外，只收入苏州耦园大修一例。工程实例部分的编写，许多参考引用了原工程竣工后总结材料档案，或已经出版的工程实录专著，在此一并说明，并对原总结材料和专著的编写者致以感谢。

本书在编写过程中，得到北京市公园管理中心所属公园的管理部门和苏州市园林局的大力支持和协助，或供稿，或提供资料图片。在此致以谢忱！

本书在编写过程中，颐和园管理处指派所属设计室负责打印、综合、选图等工作，在此说明致谢。

耿刘同

2011 年 8 月